Sitzungsberichte der Heidelberger Akademie der Wissenschaften
Mathematisch-naturwissenschaftliche Klasse

Die Jahrgänge bis 1921 einschließlich erschienen im Verlag von Carl Winter, Universitätsbuchhandlung in Heidelberg, die Jahrgänge 1922–1933 im Verlag Walter de Gruyter & Co. in Berlin, die Jahrgänge 1934–1944 bei der Weißschen Universitätsbuchhandlung in Heidelberg. 1945, 1946 und 1947 sind keine Sitzungsberichte erschienen.
Ab Jahrgang 1948 erscheinen die „Sitzungsberichte" im Springer-Verlag.

Inhalt des Jahrgangs 1965:

1. S. E. Kuss. Revision der europäischen Amphicyoninae (Canidae, Carnivora, Mam.) ausschließlich der voroberstampischen Formen. Antiquarisch. Preis auf Anfrage.
2. E. Kauker. Globale Verbreitung des Milzbrandes um 1960. Antiquarisch. Preis auf Anfrage.
3. W. Rauh und H. F. Schölch. Weitere Untersuchungen an Didieraceen. Antiquarisch. Preis auf Anfrage.
4. W. Felscher. Adjungierte Funktoren und primitive Klassen. (vergriffen).

Inhalt des Jahrgangs 1966:

1. W. Rauh und I. Jäger-Zürn. Zur Kenntnis der Hydrostachyaceae. 1. Teil. Antiquarisch. Preis auf Anfrage.
2. M. R. Lemberg. Chemische Struktur und Reaktionsmechanismus der Cytochromoxydase (Atmungsferment). Antiquarisch. Preis auf Anfrage.
3. R. Berger. Differentiale höherer Ordnung und Körpererweiterungen bei Primzahlcharakteristik. (vergriffen).
4. E. Kauker. Die Tollwut in Mitteleuropa von 1953 bis 1966. (vergriffen).
5. Y. Reenpää. Axiomatische Darstellung des phänomenal-zentralnervösen Systems der sinnesphysiologischen Versuche Keidels und Mitarbeiter. (vergriffen).

Inhalt des Jahrgangs 1967/68:

1. E. Freitag. Modulformen zweiten Grades zum rationalen und Gaußschen Zahlkörper. (vergriffen).
2. H. Hirt. Der Differentialmodul eines lokalen Prinzipalrings über einem beliebigen Ring. (vergriffen).
3. H. E. Suess, H. D. Zeh und J. H. D. Jensen. Der Abbau schwerer Kerne bei hohen Temperaturen. Antiquarisch. Preis auf Anfrage.
4. H. Puchelt. Zur Geochemie des Bariums im exogenen Zyklus. (vergriffen).
5. W. Hückel. Die Entwicklung der Hypothese vom nichtklassischen Ion. Antiquarisch. Preis auf Anfrage.

Inhalt des Jahrgangs 1968:

1. A. Dinghas. Verzerrungssätze bei holomorphen Abbildungen von Hauptbereichen automorpher Gruppen mehrerer komplexer Veränderlicher in eine Kähler-Mannigfaltigkeit. Antiquarisch. Preis auf Anfrage.
2. R. Kiehl. Analytische Familien affinoider Algebren. Antiquarisch. Preis auf Anfrage.
3. R. Düren, G.-P. Raabe und Ch. Schlier. Genaue Potentialbestimmung aus Streumessungen: Alkali-Edelgas-Systeme. Antiquarisch. Preis auf Anfrage.
4. E. Rodenwaldt. Leon Battista Alberti – ein Hygieniker der Renaissance. Antiquarisch. Preis auf Anfrage.

Inhalt des Jahrgangs 1969/70:

1. N. Creutzburg und J. Papastamatiou. Die Ethia-Serie des südlichen Mittelkreta und ihre Ophiolithvorkommen. Antiquarisch. Preis auf Anfrage.
2. E. Jammers, M. Bielitz, I. Bender und W. Ebenhöh. Das Heidelberger Programm für die elektronische Datenverarbeitung in der musikwissenschaftlichen Byzantinistik. Antiquarisch. Preis auf Anfrage.
3. M. Knebusch. Grothendieck- und Wittringe von nichtausgearteten symmetrischen Bilinearformen. (vergriffen).
4. W. Rauh und K. Dittmar. Weitere Untersuchungen an Didiereaceen. 3. Teil. Antiquarisch. Preis auf Anfrage.
5. P. J. Beger. Über „Gurkörperchen" der menschlichen Lunge. Antiquarisch. Preis auf Anfrage.

Sitzungsberichte der Heidelberger Akademie der Wissenschaften
Mathematisch-naturwissenschaftliche Klasse
Jahrgang 1981, 2. Abhandlung

Stefan Berking

Zur Rolle von Modellen in der Entwicklungsbiologie

Mit 4 Abbildungen

*Vorgelegt in der Sitzung vom 27. Juni 1981
von Franz Duspiva*

Springer-Verlag Berlin Heidelberg GmbH 1981

Professor Dr. Stefan Berking
Zoologisches Institut der Universität
Im Neuenheimer Feld 230
6900 Heidelberg

ISBN 978-3-540-11138-2   ISBN 978-3-662-11001-0 (eBook)
DOI 10.1007/978-3-662-11001-0

Das Werk ist urheberrechtlich geschützt. Die dadurch begründeten Rechte, insbesondere die der Übersetzung, des Nachdruckes, der Entnahme von Abbildungen, der Funksendung, der Wiedergabe auf photomechanischem oder ähnlichem Wege und der Speicherung in Datenverarbeitungsanlagen bleiben, auch bei nur auszugsweiser Verwertung vorbehalten. Die Vergütungsansprüche des § 54, Abs. 2 UrhG werden durch die „Verwertungsgesellschaft Wort", München, wahrgenommen.

© Springer-Verlag Berlin Heidelberg 1981
Ursprünglich erschienen bei Springer-Verlag Berlin Heidelberg New York 1981

Die Wiedergabe von Verbrauchsnamen, Warenbezeichnungen usw. in diesem Werk berechtigt auch ohne besondere Kennzeichnung nicht zu der Annahme, daß solche Namen im Sinne der Warenzeichen- und Markenschutz-Gesetzgebung als frei zu betrachten wären und daher von jedermann benutzt werden dürften.

Inhaltsverzeichnis

1.   Zur Notwendigkeit von Modellen 7
1.1 Sind Modelle nötig? 7
1.2 Über die Notwendigkeit von Modellbildungen für die Analyse der Muster- und Gestaltbildung 8
1.3 Warum Modellbildung ein Weg zur Lösung derartiger rein empirisch nicht lösbarer Probleme sein kann 9

2.   Zur Rolle von Modellen 10
2.1 Morphogenese von *Hydra* – zur Geschichte der Modellentwicklungen, experimentelle Fortschritte und die derzeitige Problemsituation   10
2.1.1 Beschreibung von *Hydra* und das Problem der Analyse der Musterbildung 10
2.1.2 Zur Geschichte der Modellbildungen 13
2.1.3 Die Suche nach Steuermolekülen und die Analyse der Musterbildung mit Hilfe solcher Moleküle 16
2.2 Die Embryonalentwicklung von *Fucus* – ein Modell ohne diffusible Signalsubstanzen 20
2.3 Die Embryonalentwicklung von Insekten – die Entwicklung zu zwei mathematisch formulierten Modellen 21
2.4 Proportionsregulation in *Dictyostelium* – die Konkurrenz von drei Modellen und die Entwicklung zu Hybridmodellen 26
2.5 Die Regeneration in Insekten und Amphibien – ein verbales Modell und die Suche nach Nachfolge-Modellen 29

3.   Vom Umgang mit Modellen 32
3.1 Was Modelle leisten können 32
3.2 Ist ein Modellpluralismus förderlich oder hinderlich? 35

Danksagung 37
Literatur 38

1. Zur Notwendigkeit von Modellen

1.1 Sind Modelle nötig?

Viele bahnbrechende Erkenntnisse über die Biologie des Menschen sind nicht am Menschen selbst, sondern vorher an anderen, meist erheblich einfacheren Organismen gewonnen worden, wie z.B. an der Erbse (MENDEL), an der Fruchtfliege *Drosophila* und an dem Bakterium *E. coli*. Solche Organismen, an denen sich bestimmte Fragen von grundlegender Bedeutung vergleichsweise einfach experimentell angehen lassen, gibt es auch in der Entwicklungsbiologie.

Entwicklungsbiologen wollen verstehen, wodurch aus einem Ei oder einem vergleichsweise einfachen Anfangszustand ein komplexer Organismus entsteht, m. a. W. wie die genetische Information als Bauanweisung benutzt wird.

Welche Mechanismen lassen ein Ei zu einem vielzelligen Organismus werden? Im einzelnen:
- Wie wird die Vermehrung von Zellen gesteuert, d.h. wie werden aus einer Zelle zwei Zellen?
- Wie wird die Differenzierung gesteuert, d.h. wie werden aus einer Zelle verschiedene Zellen? [7]
- Wann wird welche Zelle oder extrazelluläre Substanz gebildet?
- Wo wird welche Zelle oder extrazelluläre Substanz gebildet oder abgebaut, und
- wie wird die Wanderung von Zellen und die Formbildung von Geweben gesteuert?

Zur Klärung dieser zwei zuletzt genannten Fragen, der Frage nach den Mechanismen der Muster- und der Gestaltbildung, wurden in den letzten Jahren vermehrt Modelle entworfen.

Diese Modelle werden allerdings, auch innerhalb des Fachgebiets, sehr unterschiedlich bewertet. Strittig ist, ob Modelle, besonders mathematisch formulierte Modelle, eine führende Rolle für das Voranschreiten der Erkenntnisse spielen können oder ob sie die konkrete Forschungsarbeit nicht voranbringen können, weil sie zu abstrakt, zu weit weg von der Forschungsrealität sind.

1.2 Über die Notwendigkeit von Modellbildungen für die Analyse der Muster- und Gestaltbildung

Mit dem Aufschwung der Molekularbiologie gab es zunehmend mehr Möglichkeiten, exakte Daten über das Geschehen in der Zelle zu erhalten; und damit war ein Weg in Sicht, auch die Steuerung der räumlich verschiedenen Differenzierung, die Formänderung von Geweben usw. auf molekularer Basis zu verstehen.

Nicht wenige Biologen gingen daraufhin davon aus, daß das Verständnis der Kontrollprozesse sich nahezu automatisch mit dem Anwachsen der experimentell gewonnenen Ergebnisse einstellen würde.

Dieser Erwartung gegenüber ist Skepsis angebracht [13, 46] angesichts der Schwierigkeiten, denen sich ein Experimentator, der die Steuermechanismen der Muster- und Gestaltbildung analysieren möchte, unweigerlich gegenübersieht.

Vergleichsweise einfach ist die Situation nur, wenn Untereinheiten einer Struktur gebildet werden, die von selbst, ohne zusätzliche Information, in einem Prozeß, der mit Kristallisation vergleichbar ist, die Struktur bilden. Dieser Prozeß wird self-assembly genannt; Phagen und Zellorganellen z. B. werden so gebildet [34].

Das weitaus größere Problem sind aber jene Fälle – und das sind weitaus die meisten –, in denen die Gestaltbildung nicht von selbst, sondern vermutlich nur aufgrund von zusätzlichen Informationen vor sich geht. Dies ist das Problem überall dort, wo – von Generation zu Generation vererbt – räumlich hochgradig asymmetrische Organismen in immer gleicher Weise entstehen.

Um Kenntnisse über den molekularen Aufbau von Zellen und Geweben zu bekommen, muß man diese Zellen und Gewebe in der Regel aufbrechen. Damit wird die dreidimensionale Anordnung der Moleküle zerstört. Schon die Rekonstruktion der räumlichen Anordnung auch nur der stabil gebundenen Moleküle ist äußerst schwierig. Zu bezweifeln ist, ob sich nur aus der Sammlung auch noch so vieler Daten die Einsicht in den Mechanismus ergibt, der die räumliche Anordnung der Moleküle innerhalb von Zellen, die räumlich unterschiedliche Differenzierung von Zellen in Geweben und die Faltung von Geweben steuert.

Eine zweite Schwierigkeit ergibt sich bei der Suche nach einem Signal, das in einem quasi homogenen Gewebe eine Strukturbildung bewirkt.

Beobachtet man den Beginn einer Strukturbildung oder vorbereitende Prozesse dazu, dann ist der Zeitpunkt der Anweisung, die Struktur an genau diesem Ort zu bilden, längst vorbei. Versucht man, das Signal zu messen, dann verändert man damit möglicherweise dieses Signal entscheidend, z. B. seine Position im Gewebe oder seine Intensität – besonders wenn die Entwicklung mit einem sehr feinen Signal beginnt. Man kommt prinzipiell zu spät, wenn man auf diese Weise den Ort und den Zeitpunkt bestimmen will, an dem alles seinen Anfang nimmt.

Beobachtet man als erstes z. B. ein elektrisches oder ein magnetisches Feld oder die räumliche Ungleichverteilung von Substanzen, dann ist es möglich, daß zeitlich davor eine feinere, der Beobachtung bisher entgangene räumliche Ungleichverteilung eines anderen physikalischen Parameters existiert hat.

Löst man in einem homogenen Gewebe durch Anlegen eines Feldes oder durch (lokales) Einwirkenlassen einer Substanz eine Strukturbildung aus, dann kann man daraus *nicht* schließen, daß ein Feld bzw. eine Substanz das natürliche auslösende Signal ist. Denn Substanzen können an biologischen Membranen *auf unspezifische Weise* die Bildung eines elektrischen Feldes hervorrufen; und elektrische Felder können zu einer Ungleichverteilung von Substanzen führen, durch die dann möglicherweise erst auf diese Weise das eigentliche Signalsystem in Gang gesetzt wird.

Somit ist selbst die Bestimmung der physikalischen Natur des Signals keine Aufgabe, die sich allein durch experimentell zu gewinnende Ergebnisse lösen ließe.

In einigen Fällen gibt es Gründe anzunehmen, daß das Signalsystem diffusible Moleküle benutzt; doch dürfte die Suche nach diesen Molekülen ohne Modellbildung, ohne eine Vorstellung davon, wie sie wirken könnten, uferlos sein, weil es Moleküle sein können, die schwer zu finden sind, weil sie so selten sind wie Hormone oder weil sie so gewöhnlich sind wie z. B. Ca^{++}, das sehr viele Funktionen hat.

Aber auch dann, wenn alle Komponenten des Kontrollsystems bekannt wären (in *Dictyostelium* ist z. B. mit den Auf- und Abbauwegen von cAMP, der Ausbreitung von cAMP usw. schon sehr viel über die Kontrolle der Aggregation bekannt), wüßte man über den Mechanismus, der die Gestaltbildung steuert, d. h. den Mechanismus, der die Voraussetzung schafft, daß an einem bestimmten Ort zu einer bestimmten Zeit eine Gestaltbildung einsetzt, noch sehr wenig, weil man zum einen rein empirisch gar nicht feststellen kann, ob man bereits alle Komponenten kennt oder noch nicht; und zum anderen, weil man den isolierten Komponenten die Dynamik ihres Zusammenwirkens nicht ansehen kann. Die Dynamik des gesamten Systems läßt sich auch nicht aus der Dynamik von Sub-Systemen, die empirisch analysierbar sind, rein empirisch ermitteln.

1.3 Warum Modellbildung ein Weg zur Lösung derartiger rein empirisch nicht lösbarer Probleme sein kann

Modelle können helfen, die Uferlosigkeit der Suche nach determinierenden Faktoren zu begrenzen, indem sie bestimmte Wirkungen solcher Faktoren postulieren, im Fall von Steuermolekülen durch das Postulieren bestimmter chemisch-physikalischer Eigenschaften solcher Moleküle.

Durch derartige Postulate wird das Suchen gezielt, und es wird eine im Prinzip positiv oder negativ entscheidbare Frage gestellt: Existieren Faktoren mit solchen Eigenschaften?

Modelle können weiterhin helfen, die direkte Nicht-Untersuchbarkeit der Mechanismen durch die Erfindung möglicher Mechanismen zu umgehen, wodurch vorhandene Daten in einen Zusammenhang gebracht (»erklärt«) werden *und* bisher nicht gesehene Zusammenhänge postuliert werden, die durch Experimente prüfbar sind. Modelle können besonders gut die Regeleigenschaften, die Systemeigenschaften der musterbildenden Prozesse, abbilden [13] und damit einen gezielten experimentellen Zugang zu diesem Aspekt der musterbildenden Prozesse ermöglichen.

2. Zur Rolle von Modellen

2.1 Morphogenese von *Hydra* – zur Geschichte der Modellentwicklungen, experimentelle Fortschritte und die derzeitige Problemsituation

2.1.1 Beschreibung von Hydra und das Problem der Analyse der Musterbildung

Im folgenden sollen zunächst an *Hydra* die genannten Schwierigkeiten und Möglichkeiten, sie – mit Hilfe von Modellen – zu überwinden, dargestellt werden.

Hydra ist in erster Näherung ein Schlauch mit differenzierten Enden: mit einem Hypostom, umgeben von einem Kranz von Tentakeln – dem Kopf – auf der einen Seite, und einer klebrigen Scheibe, mit der das Tier sich an Oberflächen festhalten kann – dem Fuß – an der anderen Seite (Abb. 1). Die Wand des Körpers ist zwei Zellagen dick. Es gibt bei *Hydra* nur wenige verschiedene Zelltypen, darunter, zum ersten Mal in der Evolution, Nervenzellen.

Hydren können vorzüglich regenerieren. Wenn man den ›Körperschlauch‹ in Ringe schneidet, regeneriert jeder Ring Kopf und Fuß; dabei wird der Kopf immer an der dem ursprünglichen Kopf zugewandten Seite und der Fuß an der entgegengesetzten Seite gebildet: Das Gewebe hat eine Polarität. Bis auf die extremen Körperenden kann jedes Gewebe beides: Kopf und Fuß bilden.

⎯⎯⎯⎯⎯⎯⎯⎯⎯⎯⎯⎯⎯⎯⎯⎯⎯⎯⎯⎯⎯⎯⎯⎯⎯⎯⎯⎯⎯⎯⎯⎯⎯⎯➤

Abb. 1 a–e. (a_1, a_2) Einfacher Gradient. Ein Morphogen wird in einer Quelle (●) produziert und in einer Senke (□) abgebaut. Unabhängig davon, wie groß der Abstand zwischen Quelle und Senke ist, herrscht in verschieden großen Feldern an der jeweils entsprechenden Position die gleiche Morphogenkonzentration. Die lokale Morphogenkonzentration bestimmt die lokale Differenzierung. Beispiel: *Hydra* enthält im Kopf (K) die Quelle und im Fuß (F) die Senke eines Morphogens. Unabhängig davon, wie groß die *Hydra* ist, findet die Knospenbildung (Kn) an der jeweils entsprechend gleichen Position statt (↑); s. WOLPERTS Positionsinformationsmodell, S. 13ff. **(b_1, b_2)** Gegenläufige

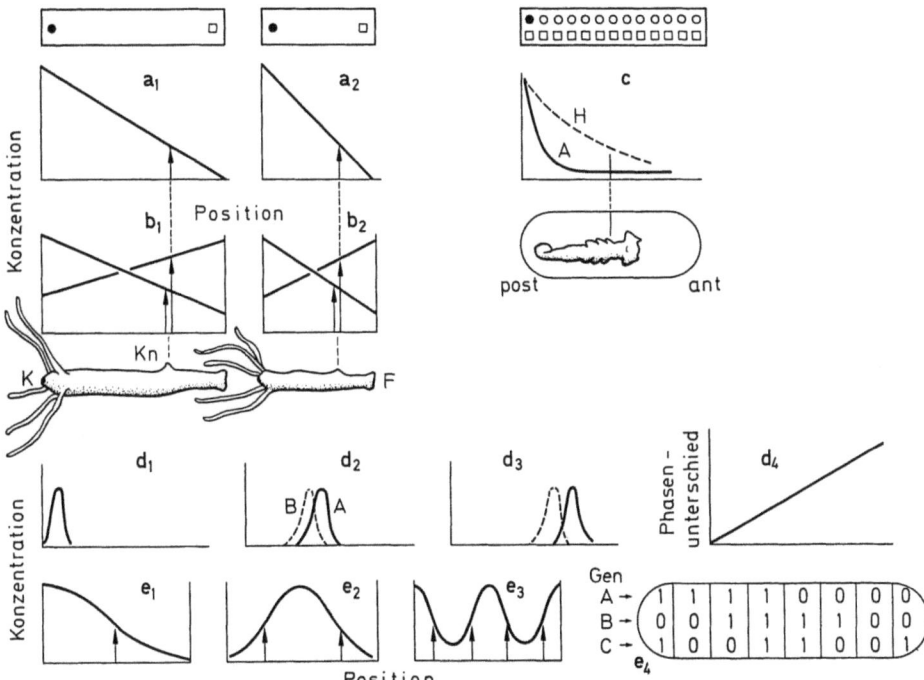

Verteilung von zwei Morphogenen. Die Spezifikation einer Region wird durch das lokale Konzentrationsverhältnis der beiden Morphogene bestimmt (↑↑). Beispiele für Doppelgradientenmodelle sind RUNNSTRÖMS Gefälle-Hypothese (s. S. 13 ff.) und SANDERS Modell für die Insektenentwicklung (s. S. 22, 23). **(c)** GIERERS und MEINHARDTS Modell (s. S. 15 ff. und 23 ff.): Die Produktion eines Aktivators A und eines Hemmstoffs H ist überall möglich (○). Durch Einwirken der Substanzen auf die Produktionsorte findet die Produktion ausschließlich an einem Ende statt (●). Der Abbau der Substanzen findet überall statt (□). Die lokale Hemmstoffkonzentration spezifiziert das Gewebe. Beispiel: Insektenentwicklung (hier: Euscelis). Eine bestimmte Hemmstoffkonzentration (↑) bewirkt die Entwicklung zum ersten Thoraxsegment. post = posterior, hinten, ant = anterior, vorn. **(d)** GOODWINS und COHENS Modell (s. S. 14). **(d_1)** In einer Schrittmacherzelle (nahe am Koordinatenursprung) werden die Substanzen A und B gleichzeitig produziert. Alle anderen Zellen produzieren A früher als B. **(d_2, d_3)** Eine Zelle enthält A in maximaler Konzentration. Eine andere Zelle, die näher am Schrittmacher liegt, enthält A schon nicht mehr in maximaler Konzentration, aber sie enthält B in maximaler Konzentration. Je weiter eine Zelle vom Schrittmacher entfernt liegt, desto größer ist der zeitliche Abstand, zwischen der Produktion von A und der von B **(d_4)**. Dieser Phasenunterschied dient als Positionsinformation. **(e)** Sequentielle Segmentierung (von *Drosophila*) nach KAUFFMAN et al. (s. S. 25, 26). **(e_1–e_3)** zeigen aufeinander folgende stabile Verteilungen des Morphogens. **e_1:** Über einer bestimmten Morphogenkonzentration wird das Gen A eingeschaltet (A = 1). Unter der Schwellenkonzentration bleibt das Gen ausgeschaltet (A = 0). Danach **(e_2)** findet der gleiche Prozeß für das Gen B und dann **(e_3)** für das Gen C statt. **(e_4)** repräsentiert den segmentierten Keim. Die Lage der Segmentgrenzen wird durch die Lage der Knotenpunkte (↑) bestimmt. Beispiel: Spezifikation des ersten Segments durch: A = 1, B = 0, C = 1

Hydren lassen sich in ihre einzelnen Zellen zerlegen; und aus den wieder aggregierten Zellen entstehen lebensfähige Tiere [14]. Die Anordnung der Zellen in einem frischen Aggregat ist dabei zunächst zufallsbestimmt. Die Zellen sind in bezug auf ihre Differenzierung, ihre Herkunft im Tier und ihre Orientierung zueinander statistisch verteilt. Aus diesen Aggregaten entstehen dann monsterartige Tiere mit vielen Köpfen. Zunehmend deutlicher teilt sich ein solches Monster im weiteren in einzelne Tiere auf. Schließlich sind die Tiere nicht mehr unterscheidbar von denen, aus denen sie hervorgegangen sind.

Das gesamte für die Aggregation benutzte Gewebe hat die Fähigkeit, Kopf oder Fuß zu bilden. Aber nach den Gesetzen der Statistik ist in den frischen Aggregaten diese Fähigkeit nicht homogen verteilt, sondern es dürfte Areale geben, die entweder die Kopf- oder die Fußbildung stärker fördern.

Die Position, die Größe und Form dieser Areale sind statistisch verteilt. Die Strukturen dagegen, die sich schließlich im Aggregat ausbilden, werden nur in einem engen Größenbereich gebildet; sie halten einen bestimmten Mindestabstand voneinander ein und sind – zunehmend präziser – so zueinander angeordnet, wie sie in einer normalen *Hydra* angeordnet sind. Daher muß man wohl annehmen, daß die neuen Strukturen kein getreues Abbild der ursprünglichen Areale sind. Offenbar gibt es ein musterbildendes System, das in der Lage ist, innerhalb der Areale und auch über die Grenzen der Areale hinweg eine neue Ordnung zu schaffen.

Bei der Analyse, wie dieses musterbildende System beschaffen ist, wie es aus dem Chaos heraus in den Aggregaten eine Ordnung schafft, stößt man auf die oben erwähnten Schwierigkeiten: Immer wenn der Beginn der Strukturbildung an einer bestimmten Position auf dem Aggregat zu erkennen ist, dann ist die Entscheidung, sie gerade an diesem Ort zu bilden, längst gefallen. Und vorher ist noch nichts zu erkennen; und somit ist natürlich auch der Ort unbekannt, an dem die Strukturbildung beginnen wird. Zudem wird vermutlich ein früher messender Eingriff – dann, wenn noch keine Musterbildung äußerlich erkennbar ist – das musterbildende System stören.

Ist im Gewebe aber eine Polarität vorhanden, wie bei der Regeneration normaler Tiere, dann wissen wir zwar den Ort, an dem die Strukturbildung beginnen wird, aber mit diesem Vorgehen verschenken wir die Möglichkeit, den Beginn der musterbildenden Prozesse untersuchen zu können, nämlich den Prozeß, der den Ort festlegt.

In *Hydra* wird die Polarität durch eine gradierte Verteilung von spezifischen Zellen oder von Partikeln entlang der Achse festgelegt [14]. In den Aggregaten ist diese Verteilung nicht vorhanden, aber es bilden sich normale Strukturen. Die Frage ist: Welche Rolle spielen diese Zellen oder Partikel bei der Musterbildung? Ist ihre gradierte Verteilung eine unabdingbare Voraussetzung für die Gestaltbildung, oder wird im Verlauf der Gestaltbildung *auch* und später eine gradierte Verteilung dieser Zellen oder Partikel festgelegt, womit bei einer zukünftigen Regeneration dann die Gestaltbildung vorhersagbar ausgerichtet abläuft?

2.1.2 Zur Geschichte der Modellbildungen

Die Untersuchung der Musterbildung wurde entscheidend erleichtert durch Modelle, die den Prozeß der Musterbildung in zwei Schritte zerlegten: Von grundlegender Bedeutung war in dieser Hinsicht und für spätere Modellbildungen überhaupt RUNNSTRÖMs Modell für die Seeigelentwicklung, das er 1929 [38] in Ansätzen formulierte und das in den folgenden Jahren hauptsächlich von ihm, von HÖRSTADIUS und von v. UBISCH zu einem sehr hilfreichen Instrument für die Seeigelforschung ausgebaut wurde [38].

Die Seeigelblastula, eine Hohlkugel, ist polar aufgebaut. Sie besitzt – wie die Erdkugel – zwei Pole, einen animalen und einen vegetativen. Alle Zellen, die auf dem gleichen Breitengrad zwischen den Polen liegen, haben das gleiche zukünftige Schicksal.

RUNNSTRÖM kam auf Grund einer großen Fülle experimenteller Daten zu der Vorstellung, daß von einem Pol zum anderen gegenläufige Gefälle von Wirkungen oder Kräften existieren, wobei er dazu neigte, sie sich als an Substanzen gebunden vorzustellen (Abb. 1b). »Auf jeder Latitude herrscht also ein gewisses Verhältnis ›animaler‹ und ›vegetativer‹ Wirkungen, die für die Determination des betreffenden Gebiets entscheidend ist« [39]. Im ersten Schritt findet demnach der Aufbau eines Informationssystems statt, im zweiten Schritt reagieren die Zellen auf die lokale Information.

WOLPERT hat 1969 [51] diese Zweiteilung – auf DRIESCHs Vorstellung (1893) aufbauend, daß die prospektive Bedeutung eines jeden Keimteiles durch seinen Ort im Ganzen bestimmt wird [6] – weiter formalisiert (Abb. 1a):

Zunächst wird den Zellen eines Gewebes ihre Position relativ zu einem Bezugspunkt, einer dominanten Region (CHILD [5]), mitgeteilt, z.B. dem Kopf einer *Hydra* oder dem Pol eines Seeigelkeims. Dieser Bezugspunkt soll die Quelle eines Signals sein, das mit zunehmender Distanz von der Quelle an Intensität verliert – z.B. kann die Quelle eine diffusible Substanz produzieren, deren Konzentration dann von der Quelle zur Peripherie hin abnimmt. Wenn die Intensität des Signals vom Bezugspunkt aus monoton abfällt, dann ist die lokale Intensität ein Maß für den Abstand vom Bezugspunkt, also eine Positionsinformation.

Wie in RUNNSTRÖMs Modell reagieren die Zellen im zweiten Schritt der Musterbildung auf die lokale Intensität des Signals, etwa mit spezifischer Differenzierung. Nach WOLPERT wird die Reaktion einer Zelle durch den Genotyp und durch die individuelle Vorgeschichte der Zelle seit ihrer Abkunft aus der Eizelle bestimmt. Wenn Zellen oberhalb einer Intensitätsstufe anders reagieren als unter ihr, kann der Intensitätsgradient in ein Stufenmuster qualitativ verschiedener Zelldifferenzierungen übersetzt werden.

WOLPERTs Modell ist ebenso wie die Gefälle-Hypothese nicht auf einen bestimmten Signalträger, etwa diffusible Substanzen, festgelegt. Die Positionsinformation kann einer Zelle z.B. auch durch biochemische Wellen vermittelt werden, wie GOODWIN und COHEN (1969) – inspiriert durch WOLPERTS allgemeines Modell – vorschlugen (Abb. 1d) [16]. Nach GOODWIN und COHEN sollen alle Zellen eines Gewebes die Fähigkeit besitzen, die Substanzen A und B zu produzieren. In einer Zelle sollen die Konzentrationen dabei in stetem Wechsel herauf- und heruntergehen. WOLPERTS Bezugspunkt ist in GOODWINS und COHENS Modell die Zelle mit der kürzesten Eigenschwingung. Diese Zelle drängt den anderen Zellen ihren Rhythmus auf, wird Schrittmacher, weil eine hohe Konzentration der Substanz A bzw. B in einer Zelle das Ansteigen der Konzentration von A und B in der Nachbarzelle bewirkt – auch zu einem Zeitpunkt, zu dem sie auf Grund der Eigenfrequenz noch nicht von sich heraus damit begonnen hätte. In der Schrittmacherzelle schwingen die beiden Konzentrationen im Gleichtakt; in der Nachbarzelle dagegen schon nicht mehr, weil diese Zelle auf die Konzentrationserhöhung von A und B in der Schrittmacherzelle schneller mit einer Konzentrationserhöhung von A reagiert als mit einer Konzentrationserhöhung von B. Damit breiten sich die Konzentrationswellen der Substanzen unterschiedlich schnell im Gewebe aus. Der zeitliche Abstand, mit dem eine Zelle A und B produziert, ist demnach ein Maß für den Abstand, den diese Zelle vom Bezugspunkt hat, also eine Positionsinformation.

Das Ausmaß der Interferenz der Wellen in einer Zelle könnte eine Zelle dadurch messen, daß sie die Konzentration einer Substanz C feststellt, die in Abhängigkeit von der zellinternen Konzentration von A und B produziert wird.

Bemerkenswert an diesem Modell ist, daß Konzentrationswellen der Substanzen über das Gewebe hinweglaufen, ohne daß es eine Diffusion der Moleküle weiter als bis zur nächsten Zelle gibt.

Dank der in den drei Modellen postulierten Zweiteilung der Musterbildung wurde ein Problem offenbar, das allerdings keines der Modelle befriedigend lösen kann, nämlich wie Gefälle, Quellen oder Schrittmacher in einem Gewebe entstehen, wenn die Organisation dieses Gewebes stark gestört wird.

Nach RUNNSTRÖM ist die Bildung der Substanzen im Prinzip überall möglich [40] – wenn auch im konkreten Fall die Bildung offenbar vorwiegend nur in bestimmten Bereichen stattfindet. Die Gefälle beeinflussen sich gegenseitig [38]. HÖRSTADIUS nahm als Folge der Operationen, die entweder zu verschiedenen Mißbildungen oder auch zu normalen Larven führten, eine Umordnung des Gefällesystems an, derzufolge die animalen und vegetativen Kräfte – er wollte sich nicht auf Substanzen festlegen – je an ihrem neuen Pol stärker konzentriert werden, als sie es vor der Operation waren [17]. v. UBISCH modifizierte das Modell RUNNSTRÖMS, mußte aber einräumen, daß sein Vorschlag, die von ihm postulierte Neuverteilung oder Entmischung der Substanzen als Folge einer Operation, die experimentellen Ergebnisse nicht befriedigend erklären kann. Er diskutierte daher die Möglichkeit, ob die Substanzen sich an den Schnittflächen so verändern, daß sie anschließend eine stärkere oder schwächere Wirkung haben als vorher [47].

In WOLPERTS und in GOODWINS und COHENS Modellen sind die Zellen reine Befehlsempfänger. Benachbarte Zellen verständigen sich nicht über das gemeinsam zu bildende Muster, sondern das Muster ergibt sich von selbst.

Wenn der Bezugspunkt experimentell entfernt wird, werden einige der Zellen, die vorher Befehlsempfänger waren, zur Befehlszentrale, zur Quelle bzw. zum Schrittmacher, was WOLPERT, GOODWIN und COHEN durch einige – letztlich nicht befriedigende – Annahmen verständlich machen können.

Eine Möglichkeit, das Problem, wie Gefälle, Schrittmacher oder Quellen entstehen, zu lösen, geht auf TURING zurück. TURING entwickelte 1952 [47] – fast zwei Jahrzehnte vor WOLPERT und GOODWIN und COHEN – ein mathematisch formuliertes Modell, in dem aus einer räumlichen Gleichverteilung von zwei diffusiblen Molekülen, ihren Auf- und Abbauorten, eine Ungleichverteilung dieser beiden Substanzen entsteht. Das Besondere an dem Modell TURINGS ist, daß die Moleküle ihre Konzentrationsänderung durch Auto- und Kreuzkatalyse der Produktion und der Degradation selbst regeln. Diese Ungleichverteilung wird nach TURING als Positionsinformation genutzt.

Aus WOLPERTS Modell, sowie aus vielen Experimenten von WOLPERT und seinen Mitarbeitern, aus TURINGS Modell und aus Modellen der biologischen Kybernetik entwickelten GIERER und MEINHARDT 1972 ein allgemeines Gleichungssystem für Musterbildung und ein spezielles für die Musterbildung von *Hydra* [15]. Besonders das spezielle Modell haben sie weiterentwickelt und auf die unterschiedlichsten Prozesse angewandt [31].

Auch in diesem Modell sollen zwei Substanzen, ein Aktivator A und ein Hemmstoff H, ihre eigene Konzentrationsänderung steuern. Sie sollen überall im Gewebe – in speziellen Zellen oder Partikeln – nach folgender Regel produziert oder aus Speicherformen freigesetzt werden können:

$$(\downarrow)$$
$$\frac{\partial a}{\partial t} = \frac{a^2}{h} - \mu a + D_a \frac{\partial^2 a}{\partial x^2}$$

$$\frac{\partial h}{\partial t} = a^2 - \nu h + D_h \frac{\partial^2 h}{\partial x^2}$$
$$(\uparrow)$$

a, h = Konzentrationen von A, H
μ, ν = Degradationskonstanten
D_a, D_h = Diffusionskonstanten

Nach diesen Gleichungen wird bei einem minimalen lokalen Anfangsvorteil für den Aktivator A gegenüber H die Produktion von A an genau diesem Ort autokatalytisch stimuliert ($\downarrow$). Als Folge davon wird auch H dort produziert

(↑), und zwar durch kreuzkatalytische Stimulation. Das Modell sieht vor, daß die Reichweite von H, bestimmt durch Diffusion und Abbau, größer ist als die von A. Damit bleibt die Produktion von A lokal eng begrenzt (und als Folge davon auch die von H). Die seitliche Ausbreitung von H verhindert in der Umgebung einer solchen aktivierten Region die Bildung einer weiteren aktivierten Region (Abb. 1c).

Damit ist aus einer Quasi-Gleichverteilung der Substanzen ein Konzentrationsmuster mit Bergen und Tälern entstanden. Dieses Muster ist stabil, während die Gleichverteilung nur metastabil ist.

Wichtig ist, daß auf eine Erhöhung der Konzentration von A schnell die entsprechende Erhöhung der Konzentration von H folgt – d.h. der Auf- und Abbau (der ›turnover‹) von H muß schneller sein als der von A, da sonst die Konzentration von A – und als Folge davon auch die von H – zu schwingen beginnt. Die Regulation der Konzentrationen der Substanzen erfolgt nach GIERER und MEINHARDT über eine geregelte Freisetzung aus Speicherformen.

2.1.3 Die Suche nach Steuermolekülen und die Analyse der Musterbildung mit Hilfe solcher Substanzen

Zur selben Zeit, in der GIERER und MEINHARDT dieses Modell entwickelten, wurden in der gleichen Frage von der experimentellen Seite her Fortschritte erzielt. Zum einen wurde die Grundlage der Polarität des Gewebes besser verstanden, zum anderen wurden morphogenetisch aktive Substanzen aus Hydragewebe isoliert. Zur Frage, wie die Polarität bestimmt wird, waren zwei Modelle in der Diskussion: Die Polarität wird entweder vektoriell, durch die gleichsinnige Ausrichtung bestimmter Zellen, bestimmt, oder sie wird skalar, durch die gradierte Verteilung bestimmter Zellen oder subzellulärer Partikel entlang der Achse, bestimmt. Experimente stützen das zweite Modell [14]. In dem Modell von GIERER und MEINHARDT ist diese Erkenntnis in dem Term ca^2 statt a^2 (in beiden Gleichungen) enthalten, wobei c eine Konstante ist, deren Wert sich vom Kopf zum Fuß hin monoton ändert.

Kurz bevor das Modell von GIERER und MEINHARDT entwickelt wurde, hatten – nach einer Reihe von Versuchen anderer Wissenschaftler – SCHALLER [43] und BERKING [1] im gleichen Labor zwei Moleküle im Hydragewebe nachgewiesen, die beide möglicherweise in das Modell von GIERER und MEINHARDT hineinpaßten.

Mit den Versuchen, solche Substanzen zu isolieren, arbeitete man genaugenommen auf sehr unsicherer Grundlage, denn eigentlich hätte zuerst gezeigt werden müssen, daß der Start der Musterbildung überhaupt von diffusiblen Molekülen zuwege gebracht wird – und nicht etwa durch irgendwelche anderen physikalischen Parameter, die räumlich variieren. Doch bis heute ist kein Weg erkennbar, diese Frage zu entscheiden.

Die eine der isolierten Substanzen ist ein Aktivator, der eine etwas vermehrte Tentakelbildung bei der Regeneration bewirkt und die Knospenbildung stimuliert; die andere Substanz ist ein Hemmstoff, der die Knospenbildung und die Regeneration verhindert, ohne toxisch zu sein. Beide Substanzen sind niedermolekular und wirken in äußerst geringen Konzentrationen. Sie sind in vergleichsweise großen Konzentrationen in Hydragewebe in aktiver Form gespeichert. Eine kontrollierte Freisetzung kleiner Mengen aus den Speicherformen ist daher eine denkbare Möglichkeit, die Substanzen an Regulationsprozessen zu beteiligen.

Wie dieser grobe historische Abriß erkennen läßt, stehen jetzt nebeneinander: erstens eine große Anzahl von Resultaten aus Regenerations- und Transplantationsexperimenten, dazu zweitens experimentelle Resultate aus dem gleichen Bereich, bei denen zusätzlich die erwähnten endogenen Substanzen benutzt worden sind, und drittens Modelle, in denen solche Substanzen postuliert werden. Die Modelle stützen sich auf die Experimente, die ohne die Substanzen gewonnen wurden; den postulierten Molekülen werden z. T. konkrete Diffusions- und Reaktionseigenschaften zugeschrieben.

Die Konfrontation der drei Bereiche kann einen entscheidenden Schritt weiterführen. Die Modelle können sich bewähren oder zu Fall gebracht werden. Die Substanzen können bewährte Kandidaten für Morphogene werden – in diesen Modellen oder in anderen –, oder es muß ihnen der Morphogen-Charakter abgesprochen werden.

Die prinzipielle Frage ist: Können die diskutierten Modelle weiterführen, oder klafft zwischen dem experimentellen Bereich und den Modellen noch eine zu große Lücke?

Ich beschränke mich im folgenden darauf, diese Frage anhand von GIERERS und MEINHARDTS Modell zu diskutieren.

Wie kann der Beitrag dieses Modells für das Voranschreiten aussehen? Gibt es testbare Konsequenzen des Modells?

GIERERS und MEINHARDTS Modell macht Aussagen über die Art der Wechselwirkung bei der Freisetzung der Substanzen und bei der Ausbreitung der Substanzen im Gewebe. Es sagt nichts darüber aus, ob die Konzentration nur einer oder beider Substanzen von Zielzellen gemessen wird. Und es sagt auch nichts darüber aus, mit welchem Prozeß die Zielzellen auf die Morphogene reagieren können.

Zwar muß jedes zukünftige Modell eine isomorphe Abbildung dieses Modells – mit welchen Vereinfachungen auch immer – sein; doch hilft diese Erkenntnis in der konkreten Forschung nur begrenzt weiter.

Eine Möglichkeit, das Modell zu nutzen, wäre, Experimente z. B. von dem Typ zu simulieren, die zu der Aufstellung des Modells geführt haben – im Fall von *Hydra* wären das hauptsächlich Transplantationsexperimente –, und dabei nach Resultaten Ausschau zu halten, die intuitiv nicht einsehbar sind. Die experimentelle Prüfung dieser Resultate brächte sicher einen Erkenntniszuwachs.

Dieser Weg ist für *Hydra* bisher kaum beschritten worden, wohl aber – wie unten (s. S. 25) gezeigt wird – für die Embryonalentwicklung von Insekten mit einem Modell, das dem für *Hydra* sehr ähnlich ist.

Eine weitere Möglichkeit, ein solches Modell zu nutzen, wäre, Experimente eines Typs vorzuschlagen, der die speziellen Komponenten der Gleichungen betrifft, im Fall von *Hydra:* die postulierten Morphogene.

Ehe man ein für Morphogen-Kandidaten kritisches Experiment vorschlagen kann, muß man zunächst einmal formulieren, was man von einem ›Morphogen der ersten Stunde‹ erwarten kann.

Definitionsgemäß spielt ein Morphogen eine primäre Rolle, d.h. zur ›rechten‹ Zeit am ›rechten‹ Ort im ›richtigen‹ Prozeß eine ›bestimmende‹ Rolle. Da Morphogene ein System miteinander in Wechselwirkung stehender Substanzen bilden, verursacht die Konzentrationserhöhung einer der Substanzen die Konzentrationsänderung auch aller anderen, und zwar in einer intuitiv nicht vorhersehbaren Weise.

Die Behandlung mit einer aktivierenden Substanz kann unter Zugrundelegung eines Modells vom TURING-Typ aktivieren, keine Wirkung haben oder sogar eine Hemmung hervorrufen.

›Morphogene der ersten Stunde‹ bewirken, wenn man sie experimentell einwirken läßt, nicht nur eine Veränderung im Gewebe, sondern ein ganzes Spektrum verschiedener Wirkungen.

Selbst wenn man nur *eine* Wirkung beobachtet, die genau der postulierten entspricht, ist das noch kein Beweis dafür, daß die Substanz, die diese Wirkung hervorgerufen hat, der endogene Signalträger ist: Denn nehmen wir einmal an, die lokale Einwirkung einer Substanz X auf ein Aggregat bewirkte, daß an genau dem Einwirkungsort ein Kopf gebildet wird.

Nach dem Modell von GIERER und MEINHARDT kann das zum einen durch die Substanz A erreicht werden, d.h. X könnte A sein (wenn die Kopfbildung durch eine hohe Konzentration von A eingeleitet wird). Eine kleine Erhöhung der Konzentration von A über das allgemeine H-Niveau hinaus schaukelt sich autokatalytisch auf.

Nach dem Modell wird sich aber andererseits die Konzentration von A auch dann aufschaukeln, wenn an dieser Stelle das H-Niveau abgesenkt wurde, ohne daß gleichzeitig die Konzentration von A gleichstark sank. Es ist also nicht ohne weiteres entscheidbar, ob die Substanz X identisch mit A (oder wenigstens strukturell ähnlich) ist oder ob sie nur zu einer lokalen Absenkung von (dem schneller diffundierenden) H führt.

Trotz dieser Schwierigkeiten lohnt die Suche nach morphogenetisch aktiven Substanzen, denn, wie auch immer in einer Situation wie der eben geschilderten die Entscheidung ausfällt, zunächst einmal ist die Substanz ein ausgezeichnetes Hilfsmittel, weil mit ihr eine spezifische Entwicklung räumlich und/oder zeitlich kontrolliert ausgelöst oder gestört werden kann.

So kann beispielsweise durch eine kurze Behandlung mit Cs^+-Ionen bei

Hydractinia, einer marinen Verwandten von Hydra, die Metamorphose von Larven zu Polypen ausgelöst werden. 12 Stunden nach der Behandlung haben sich Polypen daraus entwickelt. Natürlich wird nicht angenommen, daß Cs^+ der endogene Signalträger ist. Aber das Ion interferiert mit dem Signalsystem und erlaubt damit, dieses System und seine Folgeprozesse zu untersuchen [35].

Bei Hydra haben wir gute Gründe anzunehmen, daß nach dem Aufbau des Vormusters – ob das nun tatsächlich ein Konzentrationsprofil von Morphogenen ist oder nicht – zunächst die Gewebeeigenschaft geändert wird, die die Polarität im Gewebe bestimmt. Erst darauf aufbauend wird in einem weiteren Schritt die Strukturbildung eingeleitet. An der Kontrolle der Polarität (als dem ›richtigen‹ Prozeß) ist zumindest eine der erwähnten Substanzen, ein Hemmstoff (zur ›rechten‹ Zeit, am ›rechten‹ Ort), beteiligt [2].

Es wurde befürchtet, daß die Zellen in den Aggregaten in einer zu künstlichen Situation sind, um die Erkenntnisse, die mit Hilfe der Aggregate gewonnen wurden, verallgemeinern zu können. Daher richtete sich die Suche auf ein ›natürlicheres‹ Beispiel für einen solchen musterbildenden Prozeß; gefunden wurde er in der Knospenbildung.

Die Knospe wird am Gastralraum zunächst als eine winzige Ausstülpung des zweischichtigen Epithels gebildet. Diesem äußerlich sichtbaren Prozeß ist der musterbildende Prozeß vorausgegangen: In dem zuvor abhängig organisierten Gewebe wird ein neues Organisationszentrum, der Start für ein neues Individuum, gebildet. Dabei fällt die Entscheidung, wo der Organisator gebildet wird, – ähnlich wie im Aggregat – in einem hier rotationssymmetrisch statt kugelsymmetrisch gleichförmig zusammengesetzten Gewebe. Die im vorangegangenen Kapitel diskutierten Schwierigkeiten verhindern auch hier den direkten Zugang zu den Prozessen, die den sichtbaren Beginn der Knospenbildung veranlassen. Mit traditioneller experimentell embryologischer Vorgehensweise war jedoch ein Schluß auf diese Prozesse möglich, nämlich durch die Störung des Normalablaufs – in diesem Fall mit dem erwähnten endogenen Hemmstoff.

Ausgangspunkt des experimentellen Zugangs war die Beobachtung, daß eine neue Knospe in einen möglichst großen Abstand zur nächst älteren Knospe gebildet wird. Daraufhin wurde vermutet, daß eine Knospe die Knospenbildung in ihrer Umgebung durch Freisetzung eines Hemmstoffs verhindert. Unter der Annahme, daß Hydren ›ökonomisch‹ geregelt sind, sollte die hypothetische Substanz den *Beginn* der Knospenbildung verhindern. Diese Modell-Vorstellungen führten zur Isolation des erwähnten Hemmstoffs (s. S. 17) aus Gewebehomogenat mit den postulierten Eigenschaften: Der Hemmstoff verhindert schon in sehr kleinen Konzentrationen die Knospenbildung. Der Effekt ist reversibel und nicht toxisch für das Tier [4]. Dieser Befund schuf die Voraussetzung, die Substanz als Hilfsmittel einzusetzen, um die Prozesse, die den sichtbaren Beginn der Knospenbildung bewirken, zu untersuchen. Der Weg war die Störung des Normalablaufs durch Applikation des Hemmstoffs in verschiedenen Konzentrationen zu verschiedenen Zeiten und für verschiedene Zeitspannen. Die jeweils beobachteten Störungen gaben Aufschlüsse über den Normalablauf der Prozesse und führten zu einer Unterteilung der Entwicklung in qualitativ verschiedene Entwicklungsphasen.

Bemerkenswert ist, daß der experimentelle Zugang mit Hilfe dieser Substanz bis vor den Zeitpunkt reicht, an dem der Ort der Knospenbildung festgelegt wird, also in den Bereich hineinreicht, in dem die musterbildenden Prozesse ihren Anfang nehmen. Daraus ergaben sich gute Gründe für die Annahme, daß die Substanz selbst an den Prozessen beteiligt ist [4].

Mit der Auffindung der Entwicklungsphasen war die Grundlage geschaffen für einen experimentellen Zugang zu den Prozessen auf Zellebene.

Wie diese Untersuchungen zeigen, spielt die Determination von multipotenten Stammzellen zu Nervenzellen und das Zusammenwandern der determinierten Zellen bis zu einer bestimmten Dichte im Gewebe der zukünftigen Knospe eine entscheidende Rolle bei der Steuerung der Knospenbildung. Offen bleibt allerdings bisher noch der Anfang der Prozesse.

Zwei Modelle stehen zur Zeit zur Diskussion. Das eine besagt, daß der Ort, an dem die Zellen sich sammeln, von den Zellen selbst bestimmt wird, so wie die Zellen des Schleimpilzes Dictyostelium den Ort ihrer Aggregation selbst bestimmen. Das andere Modell besagt, daß andere Zellen – vielleicht die Epithelzellen – das Sammlungssignal, d.h. das Vormuster der Knospe, generieren [3].

Der nächste Schritt vorwärts wird von der Seite der Modelle erwartet: gesucht werden testbare Konsequenzen aus den beiden Modellvorstellungen.

2.2 Die Embryonalentwicklung von *Fucus* – ein Modell ohne diffusible Signalsubstanzen

Bei *Fucus*, einer Alge, wird diskutiert: Steuern (statt wie bei *Hydra* Gradienten morphogenetisch aktiver Substanzen) elektrische Ströme die Gestaltbildung?

Fucuseier sind rotationssymmetrisch. Die erste Furchungsebene trennt eine Rhizoidzelle von einer Prothalliumzelle. Kleine Änderungen in der Umgebung der Eizelle, wie Belichtung, Salzgradienten oder Nähe zu anderen Zellen, führen dazu, die Ebene der ersten Furchung (vorhersagbar) auszurichten [26] (Abb. 2).

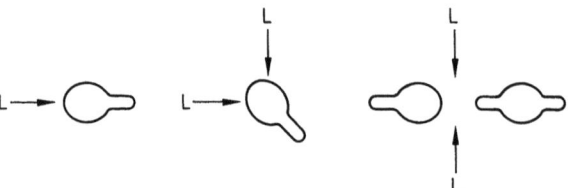

Abb. 2. Polarisierung von Fucuseiern durch Licht (L), daß aus verschiedenen Richtungen einwirkt (s. S. 21)

Wie JAFFE zeigte, erzeugt die Zygote zur Zeit der Festlegung der Teilungsebene Ströme, die durch sie hindurchgehen und deren Richtung die Orientierung der zukünftigen Teilungsebene voraussagen läßt. JAFFE nimmt an, daß diese Ströme einen entscheidenden Beitrag für das Einsetzen der Differenzierung und der Festlegung der Furchungsebene leisten, z. B. indem das so erzeugte elektrische Feld bestimmte Makromoleküle und Partikel elektrophoretisch transportiert [20].

Nun läßt sich nicht mit Sicherheit ausschließen, daß diese Ströme nur eine Folgeerscheinung eines zeitlich davor liegenden musterbildenden Prozesses sind oder daß neben den Strömen noch andere Komponenten einen entscheidenden Einfluß auf die Kontrollprozesse haben.

Um der Lösung dieses Problems näher zu kommen, ist erstens modellimmanent zu prüfen: Genügt JAFFES Modell den Stabilitätskriterien von GIERERS und MEINHARDTS allgemeiner Gleichung [13, 15]? Ein solches Vorgehen hilft, Fehler zu vermeiden; aber es bleibt damit noch offen, wie der konkrete musterbildende Prozeß aussieht.

Zweitens ist zu prüfen: Ist ein Modell, das Ströme als zentrales Element annimmt, mit den beobachtbaren Phänomenen vereinbar? Eines der wichtigsten erklärungsbedürftigen Phänomene ist, daß jede Position auf der Oberfläche des Eies Einstrom- und Ausstromfenster werden kann, daß aber, veranlaßt durch eine äußere Störung, ein bestimmter Bereich entweder das Eine oder Andere wird oder indifferent bleibt. Offenbar wird ein anfänglich schwacher Strom lokal verstärkt, ohne daß sich der Bereich dabei lateral ausbreitet.

Wie erklärt das Modell, daß sich der Bereich nicht ausbreitet? Ein weiteres erklärungsbedürftiges Phänomen ist: Wird eine Zygote unter einem Winkel von weniger als 180° von zwei Seiten bestrahlt, so wird die Rhizoidzelle auf der Winkelhalbierenden des größten von den Lichtrichtungen eingeschlossenen Winkels gebildet. Ist der Belichtungswinkel 180°, dann werden häufig zwei Rhizoidzellen senkrecht zum Lichteinfall einander genau gegenüber gebildet.

Zwei Fragen dazu sind: Sagt das Modell zwei normal große Rhizoidzellen oder zwei Zellen, die halb so groß wie normal sind, voraus? Und wie ist es möglich, daß sich bei gleichzeitiger Bestrahlung unter 180° die lokalen Ströme an der Membran nicht zu nur einer polaren Entwicklung vereinigen?

Fragen dieser Art können die Anzahl der denkbaren Modelle möglicherweise einschränken und helfen, Postulate aufzustellen, die experimentell prüfbar sind.

2.3 Embryonalentwicklung von Insekten – die Entwicklung zu zwei mathematisch formulierten Modellen

Am Beispiel der Embryonalentwicklung von Insekten kann man verfolgen, wie einer Reihe verbal formulierter Modelle, die die Experimente gut, aber nur qualitativ erklären können, mathematisch formulierte folgten, die nun quantitative Vorhersagen über den Ausgang noch zu unternehmender Experimente erlauben – natürlich mit dem ›Risiko‹, leichter widerlegt zu werden als die verbalen Modelle.

Insekten legen Eier, in denen sich segmentierte Larven entwickeln. Die Frage ist hier: Wie wird die Segmentabfolge vom Kopf zum Abdomen bestimmt?

SEIDEL zeigte 1929 an Libellen (zu der Zeit, zu der die Gefälle-Hypothese für den Seeigelkeim entwickelt wurde), daß im posterioren (hinteren) Ende des Eies ein Bildungszentrum existiert. Das Bildungszentrum liegt außerhalb der Region, in der der Embryo gebildet wird. Unterbindet man den Einfluß dieses Bildungszentrums zu Beginn der Embryonalentwicklung durch Abschnüren der posterioren 10 % des Eies, dann unterbleibt die Embryonalentwicklung. Eine entsprechende anteriore Schnürung dagegen ist ohne Effekt [45].

SANDER schnürte 1959 die Eier von Zikaden während der Furchung zu verschiedenen Zeiten und an verschiedenen Positionen [41]. In den abgeschnürten Teilen bilden sich daraufhin Teilembryonen. Die Teilembryonen im vorderen Abschnitt haben einen Kopf und einige daran anschließende Segmente, die Teilembryonen im hinteren Abschnitt endeten alle mit dem letzten Abdominalsegment. Zusammen bildeten die Teilembryonen jedoch weniger Segmente aus als die ungeschnürten Tiere, d. h. an der Schnürungsstelle entsteht eine Lücke, die um so kleiner ausfällt, je später geschnürt worden ist.

In einer Serie weiterer Experimente testete SANDER den Einfluß, den eine Störung der Organisation des Eiinhaltes auf die Organisation des sich in diesem Ei entwickelnden Embryos hat.

SANDER verschob einen Ball von Symbionten (den diese Tiere besitzen) vom posterioren Ende her mit einer Nadel anterior (durch Eindellen des Eies, ohne es dabei zu verletzen), und erst danach wurden die sich furchenden Eier geschnürt, entweder vor oder hinter dem Symbiontenball [42].

Die beschriebene Behandlung führte zu sehr merkwürdigen Resultaten: z. B. kann im anterioren Teil ein vollständiger Embryo gebildet werden, während im posterioren Teil eine symmetrische Doppelbildung entsteht, mit dem letzten Abdominalsegment an den beiden Enden des Abschnitts.

Alle Mißbildungen haben eine Eigenschaft gemeinsam: Es folgen immer Segmente aufeinander, die auch im normalen Tier benachbart sind, auch dann, wenn in einem Teil z. B. zwei mißgebildete Embryonen mit zusammen drei Abdomen gebildet werden. Diese Ergebnisse sind unvereinbar mit einem Modell, das die Segmentabfolge schon sehr früh durch ein Mosaik von Determinanten festlegen will, das in der Eirinde existiert und den eintreffenden Furchungskernen eine bestimmte Entwicklung aufzwingt.

Zur Erklärung nimmt SANDER (1959) – analog zur Gefälle-Hypothese – gegenläufige Gradienten von Bildungsfaktoren an [42]. Dem Modell zufolge bestimmt das lokale Konzentrationsverhältnis der Substanzen die Spezifikation eines Segments, so wie in der Gefälle-Hypothese das lokale Verhältnis der Substanzen das zukünftige Schicksal der Zellen auf einem Breitengrad des Seeigelkeims bestimmt (Abb. 1 b).

Abweichend von der Gefälle-Hypothese, in der die Gradienten durch Umverteilung oder Entmischung bei der Eireifung entstehen sollen, breiten sich in SANDERS Modell die Bildungsfaktoren während der Embryonalentwicklung von den Enden des Keims her aus.

Mit dieser Annahme kann SANDER die Schnürungsexperimente erklären – Schnüren verhindert nach dem Modell die Ausbreitung der Substanzen –, und er kann die Experimente erklären, in denen ein Symbiontenball verschoben wird – mit dem Symbiontenball wird die Quelle des posterioren Bildungsfaktors verschoben.

Offen bleibt allerdings: Wie entstehen am richtigen Ort in der Oocyte lokal eng begrenzte Quellen?

Eine weitere Schwierigkeit entsteht bei der Erklärung des oben beschriebenen Experiments: Wenn der Symbiontenball verschoben und der Embryo geschnürt wird, entstehen drei Abdomen, was auf drei Quellen für posteriore Bildungsfaktoren hinweist. Da alle Abdomen mit dem letzten Abdominalsegment enden, muß jede Quelle die dafür notwendige Menge Bildungsfaktor bereitstellen – nicht zu viel und nicht zu wenig.

Ungeklärt ist in diesem Zusammenhang: Wie wird erreicht, daß die Substanzkonzentration am Ort der Quelle die erforderliche Höhe behält?

Schließlich ist SANDERS Modell bisher – ebenso wie die Gefälle-Hypothese – für die quantitative Vorhersage von experimentellen Resultaten wenig geeignet, weil die Annahmen des Modells noch nicht konkret genug sind.

Ab 1960 gab es eine Reihe von Experimenten wie die Zentrifugation der Eier [53], das Anstechen [44] oder Bestrahlen des *posterioren* Eiendes mit ultraviolettem Licht [54]. Diese Behandlungen führten entweder zu spiegelbildlich aufgebauten Larven, die an den Enden jeweils das letzte Abdominalsegment ausgebildet haben, oder zu Larven, die sich normal entwickeln, während Anstechen oder Bestrahlen des *anterioren* Eiendes keine Doppelbildungen bewirkt.

Diese Resultate waren für die Modellbildungen kritisch, weil nun eine Asymmetrie und eine Alles-Nichts-Reaktion erklärt werden mußte.

Auf SANDERS und auf die oben erwähnten Experimente – besonders KALTHOFFS Bestrahlungen [21] – aufbauend, hat MEINHARDT SANDERS Modell für eine Computersimulation umzuschreiben versucht, um die Ergebnisse der Experimente auch quantitativ richtig beschreiben zu können. Das gelang nicht. Ebenso mißlang der Versuch, die Experimente unter Zugrundelegung nur eines Gradienten zu erklären, der vom anterioren Pol ausgeht.

Erst der Rückgriff auf SEIDELS Experiment, das einen großen Einfluß des posterioren Eiendes auf den Beginn der Embryonalentwicklung zeigt, führte MEINHARDT zu einem Modell mit großer Erklärungsfähigkeit [30].

Der Kern des Modells hat große Ähnlichkeit mit dem für Hydra entwickelten. MEINHARDT postulierte zwei Substanzen, die überall im Ei oder an der Eirinde produziert werden können, und zwar nach der Regel, die oben (S. 15) für Hydra angegeben wurde (Abb. 1c).

Bei einem minimalen Anfangsvorteil für den Aktivator A am posterioren Pol wird der Aktivator dort und nur dort produziert, weil der daraufhin am gleichen Ort produzierte Antagonist von A, der Hemmstoff H, die Ausbreitung des Bereichs, in dem A produziert wird, und die Entstehung neuer Produktionsorte von A in der Umgebung des ersten Produktionsortes verhindert.

Im Resultat fällt die Konzentration von A und H monoton vom posterioren Ende her zum anterioren hin ab. Der Konzentrationsabfall von A ist steil, der von H ist wesentlich weniger steil.

Nach dem Modell sollen die Zellen in einem zweiten Schritt die Konzentration von H messen können und auf bestimmte Konzentrationen mit einer bestimmten Entwicklung reagieren.

In diesem Modell bestimmt also der Hemmstoff die Spezifikation der Segmente. Der Aktivator hat nur die Aufgabe, dafür zu sorgen, daß der Hemmstoff am ›richtigen‹ Ort in der ›richtigen‹ Menge produziert wird.

Das Modell setzt also keine räumlich eng begrenzten Quellen von Signalsubstanzen voraus – wie SANDERS Modell –, sondern es erklärt mit den TURINGschen Prinzipien die Entstehung von Quellen aus einem kleinen lokalen Überwiegen von A gegenüber H.

Egal, um wieviel A gegenüber H überwiegt, es wird sich eine maximale Konzentration von A und damit auch von H an dem Ort, an dem das Überwiegen anfing, einstellen und stabil halten.

Das Modell kann erklären, warum beim Verschieben des Symbiontenballs aus einer Quelle drei werden können, von denen jede das Morphogen in der gleichen Menge produziert wie die ungeteilte Quelle. Das Modell kann auch KALTHOFFS Bestrahlungsexperimente erklären:

Nach MEINHARDT senkt die Bestrahlung die Konzentration des Hemmstoffs, aber nicht auch des Aktivators, lokal ab, indem es die Produktionsorte des Hemmstoffs schädigt oder die Substanz zerstört.

Bleibt die Hemmstoffkonzentration oberhalb einer Schwelle, dann stellt sich nach der Bestrahlung die normale Verteilung der Substanzen wieder ein.

Sinkt die Hemmstoffkonzentration aber unter eine bestimmte Schwelle – und das kann nur anterior passieren, weil dort die Konzentration sehr gering ist –, dann wird an dieser Stelle der Aktivator produziert, und zwar in maximaler Konzentration. Die Produktion von A und H bleibt, wie am posterioren Ende, lokal eng begrenzt. Die Substanz H breitet sich dann vom anterioren *und* vom posterioren Ende her aus. Nach dem Modell wird die neue aktivierte Region in einer Alles-Nichts-Reaktion bestimmt. Damit erklärt das Modell, warum spiegelbildlich symmetrische Tiere und nicht asymmetrische Mißbildungen gefunden werden. Mit seiner Erklärung impliziert das Modell, daß es keine anterioren Faktoren gibt, wie es besonders für KALTHOFF naheliegend ist anzunehmen [21]. Der beobachtete Behandlungseffekt soll auf die Faktoren zurückführbar sein, die überall vorhanden sind und die die Produktion von A und H herbeiführen können.

Unabhängig davon, ob diese Analyse nun richtig oder falsch ist, macht das Modell eines klar: Es ist voreilig, aus der Tatsache, daß es an einer eng begrenzten Stelle möglich ist, eine spezifische Entwicklung auszulösen, die auf weitere Bereiche ausstrahlt, zu schließen, daß dieser Stelle eine strukturelle Besonderheit zugrunde liegen muß. Ein Organisatorgewebe kann sich in der Funktion seiner Elemente vom umgebenden Gewebe unterscheiden; die Elemente selbst, z. B. mögliche Produktionsorte von Morphogenen, können durchaus räumlich (annähernd) gleichverteilt sein.

Zur Prüfung des Modells schlug MEINHARDT eine Reihe von Experimenten vor; z. B. daß das Ei eine bestimmte Zeit lang in einer bestimmten Region mit UV bestrahlt werden soll [30]. Die Experimente wurden hauptsächlich von KALTHOFF durchgeführt, wobei allerdings nahezu keines der Ergebnisse genau so eintraf, wie es MEINHARDT vorhergesagt hatte [22]. Doch war das Modell dadurch nicht in seinem Kern getroffen. Nur kleine Änderungen waren nötig, damit auch diese Ergebnisse ›paßten‹ [33].

KAUFFMAN, SHYMKO und TRABERT entwickelten 1978 für den gleichen Prozeß, die Segmentspezifikation der Insekten, ein Modell, das ebenfalls zwei Substanzen vorsieht, die auto- und kreuzkatalytisch stimuliert überall im Ei gebildet und zerstört werden können [23].

Das Modell ist nicht in erster Linie zur Erklärung der Segmentspezifikation und damit zur Erklärung der Experimente SANDERS und KALTHOFFS konstruiert worden, sondern als Erklärung für eine Reihe von entwicklungsgenetischen Experimenten. Erst in zweiter Linie wurde es auf diesen Arbeitsbereich angewandt, obwohl es ganz offensichtlich war, daß es z. B. SANDERS Schnürungsexperimente nicht erklären kann.

Eine Näherung der allgemeinen Gleichung hat die Gestalt:

$$\frac{\partial X}{\partial t} = -AX + \frac{BY^n}{1+Y^n} + D_1 \nabla^2 X$$

$$\frac{\partial Y}{\partial t} = -CX + \frac{D(Y^n + b)}{1+Y^n} + D_2 \nabla^2 Y$$

X, Y   = Konzentration der Morphogene
A, B, C, b = Konstanten
D_1, D_2 = Diffusionskonstanten der Morphogene

Von einer quasi homogenen Verteilung der Substanzen A und B ausgehend, entsteht eine Sequenz stehender biochemischer Wellen entlang der Längsachse des Eies, wenn die Reichweite der Substanzen durch Beschränkung der Diffusion zunehmend geringer wird (Abb. 1e). Zunächst entsteht ein gradierter Konzentrationsabfall vom einen zum andern Ende des Eies. Dadurch wird die Polarität des Keims festgelegt. Dann entsteht über eine Zwischenphase, in der die Substanzen quasi homogen verteilt sind, eine wellenförmige Verteilung, die ihr

Maximum im Zentrum hat und zu den Eienden hin abfällt. Als nächstes – wieder unterbrochen durch eine Gleichverteilung – entsteht eine Welle mit drei Maxima, je eins an den extremen Eienden und eins im Zentrum.

Die Zellen entlang der Eiachse sind – dem Modell zufolge – einer für ihren Ort charakteristischen Abfolge von Konzentrationswechseln ausgesetzt: Einmal ist die Konzentration über dem Durchschnitt, einmal darunter. Diese Ereignisfolge bestimmt das weitere Schicksal der Zellen.

Beim ersten der beschriebenen Schritte stehen die Zellen verschiedener Bereiche des Keims vor der Alternative, entweder das Kontrollgen A einzuschalten oder ausgeschaltet zu lassen. Ist die Konzentration nach der Gleichverteilung in einem Bereich hoch, so soll das Gen A eingeschaltet werden; ist sie niedrig, soll es ausgeschaltet bleiben. Beim nächsten Schritt steht dann das Gen B in allen Bereichen vor der Alternative, entweder eingeschaltet zu werden oder ausgeschaltet zu bleiben. Damit ist in jedem der Bereiche, die im Verlauf fortschreitender Unterteilung schließlich so groß wie Segmente werden, ein bestimmtes Muster dieser Gene aktiv, z. B. B und D, und genau dadurch ist – so das Modell – das Segment spezifiziert.

Das Modell setzt eine Art Zählwerk voraus, das in allen Zellen des Keims nach Erreichen des stabilen Zustandes und unabhängig davon, ob an einem Ort nun das in Frage stehende Gen eingeschaltet wird oder ausgeschaltet bleibt, ein Gen weiterschaltet. Zu fragen ist: Reicht die Zeitspanne in der Embryonalentwicklung von der Befruchtung bis zur Festlegung des Segmentmusters aus, um mit den gewählten – und für das Modell notwendigen – Diffusionskonstanten die Ereignisfolge zu generieren?

Die beschriebene Ergebnisfolge ist aus Gleichgewichtsbetrachtungen der Gleichungen gefolgert worden. Zu fragen ist erstens: Kommt auch eine Computersimulation der Gleichungen zum gleichen Resultat? Und zweitens: Kann die Simulation die tatsächliche Präzision der Segmentation und der Spezifikation abbilden? Genauer: Wodurch wird garantiert, daß die Zellen, die in der Nähe eines Knotenpunktes, in der Mitte zwischen einem Maximum und einem Minimum liegen, sich richtig entscheiden?

Zu fragen ist im Detail: Wie sind die Substanzen zwischen den Gleichgewichten verteilt? Laufen vielleicht Wellen der Substanzen über den Keim hinweg, bis die stabile Situation erreicht ist? Zu fragen ist weiter: Wie lange existiert die stabile Situation? Denn die lokale Konzentration in dieser und nur in dieser Situation soll ja die Spezifikation bewirken.

2.4 Proportionsregulation bei *Dictyostelium* – die Konkurrenz von drei Modellen und die Entwicklung zu Hybridmodellen

Dictyostelium ist ein zellulärer Schleimpilz; er lebt als einzelne autonome Zelle, solange genug Bakterien als Nahrung verfügbar sind. Bei Nahrungsmangel wandern die Zellen auf ein gemeinsames Zentrum zu, aggregieren dort und bilden ein Migrationspseudoplasmodium, einen zur Wanderung befähigten Gewebeverband. Aus diesem Migrationspseudoplasmodium bildet sich der Fruchtkörper. Er besteht aus zwei Zelltypen: Sporenzellen und Stielzellen. Im Bereich zwischen 50 und 10^6 Zellen enthält ein Fruchtkörper einen gleichbleibend großen Anteil an Sporen- und Stielzellen.

Dictyostelium ist für die Untersuchung der Proportionierung von Organismen besonders gut geeignet, weil alle Zellen, die den Fruchtkörper bilden, die gleiche Vorgeschichte haben. Außerdem wird nur eine einfache Alternative entschieden: Aus einer vegetativen Zelle wird entweder eine Sporenzelle oder eine Stielzelle. Zudem gibt es ausgezeichnete experimentelle Zugänge, wie die Isolation und die Transplantation von Zellen und die kinematographische Beobachtung einzelner Zellen im Zellverband. Es ist weiterhin sehr günstig, daß die Zellen, die später den Stiel bilden, sich in einem zusammenhängenden Bereich, nämlich an der Spitze des Migrationspseudoplasmodiums, befinden.

Experimentell kann in einem Zustand, in dem das zukünftige Schicksal der Zellen schon erkennbar ist, durch Querteilung des Pseudoplasmodiums noch ein Umprogrammieren von Zellen erreicht werden: Nach einer Querteilung bilden sich aus beiden Teilen normalproportionierte Fruchtkörper – wenn sich die Teile nicht zu früh nach der Teilung zur Fruchtkörperbildung aufrichten. Kurz nach der Teilung hat der vordere Teil zuviele Vor-Stielzellen, der hintere zuviele Vor-Sporenzellen [37]. Offenbar existiert ein musterbildendes System, das den Anteil der so oder so sich differenzierenden Zellen und ihre richtige räumliche Anordnung kontrolliert.

In einem Artikel von MacWilliams und Bonner [50] wird die Frage diskutiert, wie gut drei verschiedene Modelle diese Proportionierung und besonders die Regulation der Proportionierung nach einer Störung erklären können.

Sie haben drei Modelltypen untersucht: Drei Positionsinformationsmodelle – ein solches Modell ist in den Grundzügen auf S. 13 diskutiert –, das Aktivator-Inhibitor-Modell von Gierer und Meinhardt (s. S. 15) und das Zellkontaktmodell von McMahon. Wie Gierer, Meinhardt und Kauffman hat auch McMahon sein Modell als ein System gekoppelter Differentialgleichungen formuliert [29]. Die Grundlage seines Modells ist, daß alle Zellen polar sind und daß sie im Migrationspseudoplasmodium gleichsinnig ausgerichtet sind.

In der Ausgangssituation enthalten alle Zellen die gleiche Menge einer Substanz A – vermutet wird cAMP (Abb. 3). Der Prozeß der Proportionierung beginnt – McMahon zufolge – in den Endzellen: Weil eine Endzelle an ihrem Vorder- bzw. Hinterende keinen Kontakt zu einer anderen Zelle bilden kann, ändert sich erstens die zellinterne Konzentration von A zu einem maximalen bzw. minimalen Wert, und zweitens ändert diese Endzelle ihren Kontakt zu der vor bzw. hinter ihr liegenden Zelle so, daß nun diese Zelle sich im folgenden wie eine Endzelle verhält. Damit beginnt der beschriebene Prozeß von vorn.

Im Resultat wandert also – McMahon zufolge – je eine Konzentrationsstufe von A von den Enden her zur Mitte hin über das Pseudoplasmodium. Mit dem

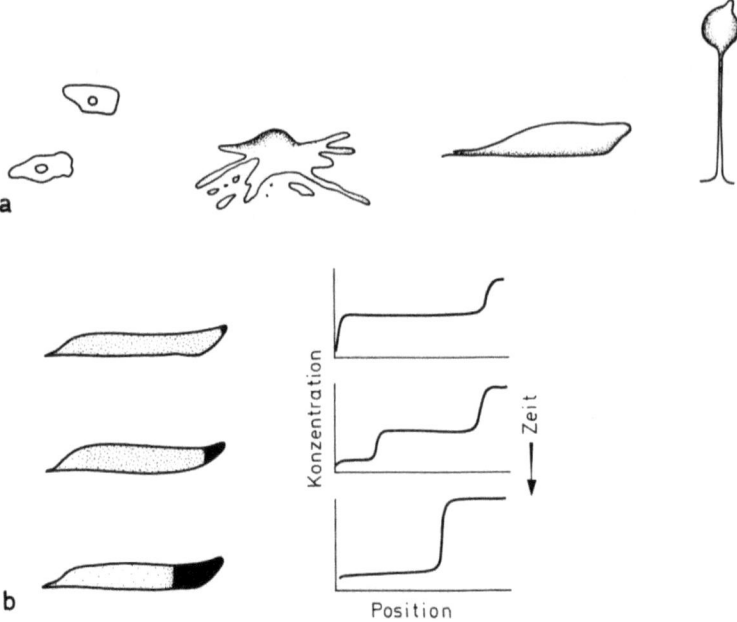

Abb. 3a u. b. *Dictyostelium*. **(a)** Der Entwicklungsgang von *Dictyostelium:* vegetative Zellen, Aggregation, Migrationspseudoplasmodium, Fruchtkörper. **(b)** Proportionierung des Migrationspseudoplasmodiums nach McMahon: Am Anfang ist die Konzentration eines Morphogens in allen Zellen gleich groß. Von den Enden her fortschreitend sinkt bzw. steigt die Konzentration. Die Konzentrationsstufe ist das Vormuster für die Differenzierung in Sporen- und Stielzellen (s. S. 27, 28)

Zusammentreffen der Stufen ist für jede Zelle irreversibel die Entscheidung gefallen, entweder viel oder wenig von der Substanz A zu enthalten. Eine hohe Konzentration bestimmt die Differenzierung zu Stielzellen, eine niedere zu Sporenzellen.

Die Lage der Grenze wird bestimmt durch den zeitlichen Abstand zwischen dem Start der Reaktion vorn und hinten und durch die Ausbreitungsgeschwindigkeit der Reaktion. Die Proportion der Bereiche ist damit unabhängig von der Anzahl der beteiligten Zellen.

Während viele Modelle eine gradierte Verteilung eines diffusiblen Morphogens vorschlagen, wodurch auf der Ebene der Interpretation noch eine Abbildung in eine Stufe erforderlich ist, ist es ein Vorteil des Modells von McMahon, daß das Vormuster selbst schon eine Stufe ist.

Ein großer Nachteil des Modells ist allerdings, daß es eine nachträgliche Proportionsregulation, z. B. im Anschluß an eine Querteilung, nicht erklären kann.

Wegen dieses gravierenden Nachteils favorisieren MACWILLIAMS und BONNER ein Aktivator-Inhibitor-Modell in der Art, wie es GIERER und MEINHARDT entwickelt haben.

MACWILLIAMS' und BONNERS Schlußfolgerung ist nun nicht, nur das bessere Modell weiterzuentwickeln und die anderen zu verwerfen; sie schlagen vielmehr vor, Hybridmodelle zu entwickeln, die die guten Eigenschaften der verschiedenen Modelle beinhalten.

Die Autoren sind der Ansicht, daß solche Hybridmodelle sogar qualitativ andere Regeleigenschaften haben können als die an der Entstehung beteiligten Elternmodelle. Sie schlagen z. B. vor, das Aktivator-Inhibitor-Modell so zu verändern, daß der Aktivator nicht mehr von Zelle zu Zelle diffundiert, sondern daß durch Zellkontakt die Konzentrationserhöhung des Aktivators weitergegeben wird – mit einem Mechanismus, wie er von MCMAHON vorgeschlagen wurde.

Der Vorteil des Hybridmodells gegenüber den beiden Ausgangsmodellen wäre, so vermuten die Autoren, daß sich die proportionsrichtige Grenze zwischen zukünftigen Sporen- und Stielzellen schneller einstellt als in dem Aktivator-Inhibitor-Modell, ohne daß dabei die Regulationsfähigkeit abhanden kommt, wie das im Modell von MCMAHON der Fall ist.

2.5 Regeneration in Insekten und Amphibien – ein verbales Modell und die Suche nach Nachfolgemodellen

Mit den Modellen von MEINHARDT und KAUFFMAN et al. zur Spezifikation der Segmente wurden Modelle diskutiert, die sich nicht nur auf Daten *eines* Erfahrungsbereichs stützen. Die Modelle enthalten eine Verknüpfung von experimentell-embryologischen mit molekularbiologischen Ergebnissen. Das folgende Modell zeigt eine andere Grenzüberschreitung. FRENCH, BRYANT und BRYANT entwarfen 1976 ein Modell, das die Regeneration bei sehr verschiedenartigen Tieren, nämlich bei Insekten und Amphibien, beschreibt [11]. Das Beispiel zeigt weiterhin, wie weit ein rein verbal formuliertes Modell hilfreich sein kann.

Die Regeln des Modells lassen sich recht einfach an den Imaginalscheiben holometaboler Insekten beschreiben: Imaginalscheiben sind Einstülpungen der embryonalen Epidermis. Aus bestimmten Imaginalscheiben entwickeln sich bei der Metamorphose, d.h. bei der Bildung der Imago, die Extremitäten. Der zentrale Teil der Scheibe stülpt sich dabei teleskopartig heraus; er bildet die distalsten Elemente, in der Beinscheibe die Krallen, während der Rand die proximalsten Elemente bildet.

Imaginalscheiben können transplantiert werden. Sie differenzieren sich zu imaginalen Strukturen auch an einer falschen Position im Wirt.

FRENCH, BRYANT und BRYANT haben einer Scheibe im Rand – entsprechend den Zahlen auf dem Zifferblatt einer Uhr – Positionswerte zugeschrieben.

Schneidet man vor dem Transplantieren einen Keil (Kuchenstückform) aus der Scheibe heraus, dann verheilen zunächst die frischen Wundflächen miteinander. Dabei kommen Positionswerte nebeneinander zu liegen, die in der Normalsituation durch eine Abfolge bestimmter anderer Positionswerte getrennt sind.

Die Regel 1 des Modells besagt, daß bei Kontakt von falschen Positionswerten fehlende Positionswerte auf dem kürzesten Wege ergänzt werden: Fehlen weniger als die Hälfte der Positionswerte, so werden die herausgeschnittenen ersetzt. Fehlen mehr als die Hälfte, z.B. die Werte 6 bis 12 einschließlich, dann bildet sich eine Scheibe aus, deren Rand anschließend an die alten Positionswerte 1 bis 5 die durch Regeneration neugebildete Werte 2 bis 4 enthält. Die Scheibe ist spiegelbildsymmetrisch organisiert. Jeder Positionswert hat richtige nächste Nachbarn; nur ist abweichend von der normalen Situation die 1 auf beiden Seiten von einer 2 und die 5 auf beiden Seiten von einer 4 flankiert, und die Werte 6 bis 12 fehlen.

Regel 2 lautet: Wenn alle Positionswerte im Rand, also ein vollständiges Zifferblatt, vorhanden sind, dann werden im Zentrum eventuell fehlende distale Werte ergänzt (distale Transformation). Zur Illustration der Regel: Aus einer Imaginalscheibe wird zunächst ein Keil herausgeschnitten und dann zusätzlich noch ein fast kreisförmiges Stück aus dem Zentrum, das normalerweise z.B. Tibia, Tarsus und Krallen bilden würde. Dieses Gewebestück regeneriert dann so, daß alle Strukturen des Beins bei der Metamorphose gebildet werden. Ein kleiner Keil dagegen dupliziert seine Positionswerte wie oben beschrieben und ist nicht in der Lage, fehlende distale Elemente zu regenerieren.

Dieses Modell kann z.B. erklären, daß und warum bei der Transplantation schmaler Streifen von Extremitätenintegument (etwa: Haut) von einem Bein auf ein anderes an der Kontaktstelle der Gewebe ein zusätzliches Bein auswächst. Ein zusätzliches Bein entsteht immer dann, wenn sich im Zuge der Regeneration fehlender Positionswerte ein vollständiges Zifferblatt ausbildet.

Mit dem Modell ist vorhersagbar, welche Gewebe an welche Position transplantiert werden müssen, um eine zusätzliche Extremität zu erzeugen. Auf die gleiche Weise kann mit dem Modell erklärt werden, warum Amphibien, wenn man ein amputiertes Glied – auf die kurzen Achsen bezogen um 180° verdreht – auf den alten Stumpf transplantiert, entweder keine oder gleich zwei überzählige Extremitäten bilden (Abb. 4). Das Modell beschreibt richtig, wie die überzähligen Extremitäten orientiert sind, rechts- oder linkshändig. Nach dem Modell können auch mehr als zwei Extremitäten gebildet werden; nur die Anzahl muß immer gerade sein. Beobachtet wurden allerdings bisher nur zwei überzählige Extremitäten.

Durch dieses Modell hat das Arbeitsgebiet einen bemerkenswerten Aufschwung erlebt, obwohl sich kaum jemand im unklaren darüber war – die Autoren eingeschlossen –, daß das Modell provisorisch ist [11].

Zum einen war zu testen: Wie vollständig kann das Modell die Phänomene erklären, die es zu erklären beansprucht? Gibt es Ausnahmen, die das Modell

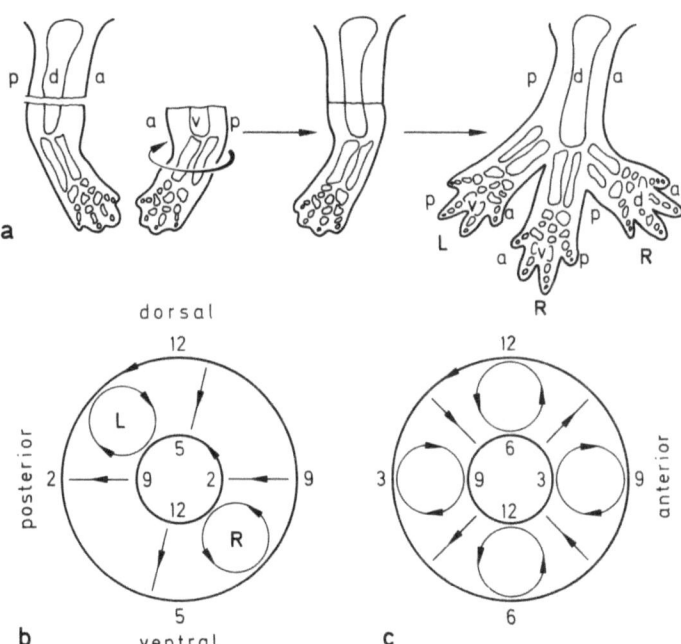

Abb. 4a–c. (a) Transplantation einer Amphibienextremität auf den alten Stumpf nach Rotation um 180°. Es bilden sich zwei überzählige Extremitäten, eine rechte (R) und eine linke (L). a = anteror, p = posterior, d = dorsal, v = ventral (nach BRYANT et al., Scientific American, Juli 1977). **(b)** Das Modell von FRENCH et al. (s. S. 29ff.) erklärt das Resultat: Den Zellen im Umfang der Extremität, d. h. im Rand der Schnittfläche, schreibt das Modell Positionswerte entsprechend den Zahlen auf dem Zifferblatt einer Uhr zu. Die Transplantation der Extremität (innerer Ring) auf den Stumpf (äußerer Ring) bringt Positionswerte miteinander in Kontakt, die normalerweise nicht benachbart sind. Der Kontakt führt zur Regeneration der fehlenden Positionswerte auf dem kürzesten Wege. Die richtige Abfolge von Positionswerten (in einer bestimmten Richtung) ist durch Pfeil (↑) dargestellt. Wenn sich durch Regeneration fehlender Positionswerte zwischen Stumpf und Transplantat ein vollständiges Zifferblatt ausbildet, dann entsteht an dieser Stelle eine überzählige Extremität, eine rechte (R) oder eine linke (L). **(c)** Nach dem Modell können auch mehr als zwei Extremitäten, z. B. vier, gebildet werden. (Die Positionswerte im Rand haben in diesem Beispiel – anders als in b – äquidistante Abstände.)

nicht erklären kann? Bald fand man in der Tat eine stetig wachsende Zahl von Ausnahmen [32].

Zum anderen waren Nachfolge-Modelle zu suchen, mit denen die angeführten Regeln physikalisch oder chemisch verstehbar sind. FRENCH, BRYANT und BRYANT waren der Meinung, daß Modelle mit diffusiblen Morphogenen kaum in Frage kommen. Denn mit der Annahme von zwei Morphogenquellen, die in einem Winkel zueinander im Rand existieren und die jeweils ein anderes Morphogen produzieren, wäre wohl eine zirkuläre Abfolge von verschiedenen Positionswerten spezifizierbar; aber solche Modelle könnten nicht – so die

Autoren – die erste ihrer Regeln erklären, die besagt, daß fehlende Positionswerte ersetzt werden, wenn weniger als die Hälfte der Werte entfernt werden; denn wie sollte eine herausgeschnittene Morphogen-Quelle ersetzt werden?

Die Autoren vermuten, daß die experimentellen Resultate mit einem Modell vereinbar sind, wie es GOODWIN und COHEN vorgeschlagen haben, demzufolge im Rand zwei biochemische Wellen existieren, deren Interferenz den Zellen ihre Position vermittelt [11, 16].

Heute ist – soweit mir bekannt ist – kein Modell dieses Typs mehr in der Diskussion; statt dessen werden Modelle mit diffusiblen Morphogenen diskutiert [28, 32].

MEINHARDT hat ein Modell entwickelt, mit dem sich die Ausnahmen von den Regeln von FRENCH, BRYANT und BRYANT erklären lassen.

Das Modell stützt sich auf Experimente aus der Entwicklungsgenetik. Diese Experimente haben gezeigt, daß Embryonen von Insekten während der Embryonalentwicklung in Segmente und weiterhin in feinere Sektoren, in Kompartimente, unterteilt werden [12].

Die Nachkommen einer Zelle bleiben im selben Kompartiment, es sei denn, ein Kompartiment wird unterteilt. In diesem Fall werden Zellen einer zusammenhängenden Region zu einem Sub-Kompartiment zusammengefaßt.

Auch die Imaginalscheiben sind in Kompartimente unterteilt. Die Beinscheibe wird beispielsweise in ein anteriores, ein dorsales und ein ventrales Kompartiment unterteilt, d.h. es gibt vermutlich erheblich weniger Kompartimentgrenzen im Rand einer Scheibe, als es Positionswerte gibt.

MEINHARDT postuliert nun in einem neuen Modell [32], daß die Zellen verschiedener Kompartimente sich gegenseitig bei der Produktion eines diffusiblen Morphogens C helfen, und zwar durch die Produktion einer Substanz A bzw. B, die im jeweils anderen Kompartiment zur Produktion von C benötigt wird. Auf der Grenze zweier Kompartimente ist daher die Konzentration des Morphogens C am höchsten. Der Konzentrationsabfall zu den Seiten hin dient als Positionsinformation.

Das Problem, das FRENCH, BRYANT und BRYANT gegen Modelle mit diffusiblen Morphogenen einnahm, ist hiermit gelöst: Die Morphogenquellen werden regeneriert, wenn verschiedene Kompartimente an der Wundfläche zusammentreffen.

3. Vom Umgang mit Modellen

3.1 Was Modelle leisten können

Die Bedeutung von Modellen liegt darin, daß sie experimentelle Daten in einen Sinnzusammenhang bringen. Dieser Sinnzusammenhang wird allerdings in den seltensten Fällen der krönende Abschluß in einem Gebiet sein, weil kein Modelle alle Daten erklären kann.

Denn einmal enthalten experimentelle Daten Meßfehler: Aussagen, die sich auf signifikante Effekte einer Behandlung stützen, können falsch sein. Man muß also unter den Daten, die das Modell erklären soll, auch falsche Daten erwarten. Sodann sind experimentelle Daten nicht unbedingt eine repräsentative Auswahl sowohl der möglichen als auch der gefundenen Daten und enthalten somit ein Stück Interpretation des jeweiligen Autors, d. h. experimentelle Tatsachen sind unter Zugrundelegung von (nicht immer explizierten) Modellen gesammelt und publiziert worden (FEYERABEND) [8].

Im Vorgehen von Modellkonstrukteuren sehen Experimentatoren mitunter einen waghalsigen Umgang mit ihren Daten, die sie selbst nur vorsichtig interpretieren. Sie sehen in der Art, wie sie von Autor zu Autor, von Objekt zu Objekt wechseln – (vor-)eingenommen von der Idee, es walte ein gemeinsames Prinzip, sich das Wesentliche herauspicken –, eine unzulässige Vereinfachung.

Zweifellos ist es unerläßlich, auf kleine experimentelle Unterschiede Wert zu legen, analytisch zergliedernd vorzugehen, aber ebenso unterläßlich ist es für das Voranschreiten in einer Wissenschaft, *auch* grenzüberschreitend, idealisierend und synthetisch zu denken.

Denn in bestimmten Situationen kann man – wie im Hauptteil gezeigt – mit dem Sammeln von Daten allein nicht weiterkommen. Hier sind Modellbildungen unumgänglich. Sie sind unumgänglich, obwohl sie notwendigerweise nichtpassende Daten als unwesentlich bzw. als später zu klärende Randbedingungen beiseite schieben müssen. Das entwertet sie nicht als Hilfsmittel oder Werkzeuge (POPPER) [36].

Modelle können verschiedene Funktionen haben:

1. Sie können heuristisch wertvoll sein, indem sie die Komponenten und Mechanismen eines musterbildenden Systems findbar machen, weil sie sie denkbar machen.

2. Durch sie können aus einer detaillierten gegenstandsspezifischen Theorie allgemeine Systemeigenschaften herausgeholt werden, und mit dieser Abstraktion lassen sich konkrete Prozesse eines anderen Gebietes analysieren, die man vorher nicht zu analysieren wußte.

Ein gutes (oben diskutiertes S. 13ff.) Beispiel ist die Gefälle-Hypothese für die Seeigelentwicklung und ihr Einfluß auf die Modellbildungen für die Entwicklung von Hydrozoen und Insekten. Ein weiteres Beispiel ist WOLPERTS Positionsinformationsmodell, das er für Invertebraten, besonders für *Hydra*, entwickelte. Später wandte WOLPERT diese Vorstellung auf die Extremitätenentwicklung des Huhns an – mit dem Resultat, daß die dort gewonnenen Erkenntnisse uns heute die durch Thalidomid (Contergan) hervorgerufenen Mißbildungen der Extremitäten beim Menschen besser verstehen lassen [52].

Ein weiteres Beispiel ist TURINGS Modell. Seine Grundidee der auto- und kreuzkatalytisch kontrollierten Produktion von zwei Substanzen hat (wie an

Modellen von GIERER, MEINHARDT und KAUFFMAN dargestellt), zu Modellen von ähnlicher mathematischer Gestalt für sehr verschiedene Objekte und Prozesse geführt.

Ein letztes Beispiel ist MEINHARDTs Modell für die Entwicklung von Adern in Blättern von Pflanzen und in Vertebraten; dieses Modell ist ebenfalls eine Weiterentwicklung der TURINGschen Prinzipien. Experimente aus der Botanik und aus der Zoologie haben zu dieser Modellvorstellung geführt. Sie erlaubt uns heute u. a. ein besseres Verständnis der Angiogenese von Tumoren [31].

3. Durch sie können experimentelle Ansätze miteinander verknüpft werden, mit denen – zuvor weitgehend getrennt – das gleiche Erkenntnisziel angestrebt wurde. Ein Beispiel dafür ist die Embryonalentwicklung der Insekten, die mit entwicklungsgenetischen, experimentell-embryologischen und molekularbiologischen Methoden untersucht wird. Es liegen eine große Zahl von experimentellen Daten in den verschiedenen Bereichen vor, die für die jeweils anderen Bereiche mit Hilfe von Modellen nutzbar gemacht werden können.

4. Durch sie können Wege, die intuitiv vielversprechend aussehen, als Sackgassen kenntlich werden, indem man die intuitiv vermutete Möglichkeit explizit formuliert. Speziell können Minimal- und Stabilitätsbedingungen aufgezeigt werden.

5. Durch sie können die bekannten Daten erklärt werden, indem sie in einen kausalen Zusammenhang gebracht werden. Diese Funktion ist gut erfüllt, wenn das Modell mehr Daten erklärt, als für die Formulierung des Modells notwendig sind; wenn es mathematisch formuliert wird: als für die Schätzung der Parameter der Gleichungen benutzt worden sind. Sodann sollten die Komponenten der Gleichungen verstehbar sein. Wenn ein Modell propagiert wird, in dem Moleküle eine entscheidende Rolle spielen, dann sollten die Komponenten der Gleichungen eine ›vernünftige‹ Chemie oder Physik widerspiegeln.

6. Durch sie kann eine unübersichtlich große Anzahl von Daten handhabbar werden, und durch sie können komplexe Regelvorgänge einer experimentellen Analyse zugänglich werden, indem sie mathematisch formuliert werden.

In einem mathematisch formulierten Modell müssen – besonders wenn das Modell für Computersimulationen benutzt werden soll – alle Voraussetzungen klar formuliert werden. Denn wird nur das Gleichungssystem als Erklärung angeboten, dann mag die Exaktheit der Formulierung dem Leser eine ungerechtfertigte Exaktheit in der Abbildung der biologischen Regelvorgänge nahelegen.

7. Sie können zu Experimenten anregen, indem sie prüfbare Vorhersagen machen.

Um dies leisten zu können, muß ein Modell so formuliert sein, daß es zu Experimenten Anlaß gibt, auf die man ohne das Modell nicht gekommen wäre und deren Ergebnisse unerwartet sind.

Zwar wird ein Modell nie vorhersagen können, welche Moleküle (oder andere physikalische Parameter) bei einem Regelvorgang beteiligt sind, wohl aber, wie die Regulation beschaffen ist. Die physikalischen Parameter können nur im Experiment selbst bestimmt werden. Dabei müssen die vom Modell geforderten Regelvorgänge im Prinzip bestätigt werden, sonst muß das Modell verworfen werden. Im Detail kommt es in der Regel zu Abweichungen, ohne daß dadurch das Modell als Ganzes hinfällig werden muß.

Ein Modell sollte so konstruiert werden, daß es durch Experimente zu Fall gebracht werden kann. Denn für den Fortschritt ist es fruchtbarer, wenn ein Modell riskant formuliert ist und damit leicht scheitern kann, als daß es vorsichtig formuliert ist. Dann nämlich wird es gar nicht erst interessant. Es gibt keinen vernünftigen Grund, ein Modell besser zu nennen, das unwidersprochen geblieben ist, weil es nicht prüfbar war – im Vergleich zu einem anderen, das sich nur kurz gehalten hat, weil es prüfbar war und widerlegt wurde, das aber einen Beitrag zum Fortschreiten geleistet hat.

3.2 Ist ein Modellpluralismus förderlich oder hinderlich?

Für die Mehrzahl der diskutierten Forschungsgebiete existieren mehrere Modelle nebeneinander, die alle beanspruchen, die experimentellen Ergebnisse erklären zu können.

Z.B. haben KAUFFMAN et al. und MEINHARDT Modelle für den gleichen Prozeß, die Kontrolle der Segmentation und der Segmentspezifikation, entworfen. Beide gehen vom gleichen, auf TURING zurückführbaren Ansatz aus: Sie postulieren zwei diffusible Substanzen, die ihre eigene Konzentrationsänderung steuern. Die Mechanismen, nach denen das vor sich geht, sind allerdings sehr verschieden, was z.T. daran liegt, daß sie ihre Modelle von anderen Datengruppen her aufgebaut haben. Die molekulare Interpretierbarkeit ist ebenfalls deutlich verschieden: MEINHARDTs Modell enthält als Reaktion höchster Ordnung eine bimolekulare Reaktion; in KAUFFMANS Gleichungen ist $n = 6$ (s. S. 25). Beide Modelle postulieren verschiedene Wirkungen auf dem Genniveau, wobei KAUFFMAN et al. und MEINHARDT zur Stützung ihrer Modelle Mutanten von *Drosophila* (sog. homöotische Mutanten) heranziehen, die sie allerdings auf verschiedene Weise erklären. Wenn nun eines der Modelle wirklich besser ist, also mehr Daten erklärt und präzisere Vorhersagen erlaubt als das andere, dann wird es sich in den meisten Fällen durchsetzen – die wissenschaftliche Mitwelt mag den Prozeß vielleicht etwas verzögern (KUHN) [27].

Doch hier gibt es ein Problem: Unklar ist, was gemeint ist, wenn man sagt: Ein Modell ist besser.

1. Ein Modell ist nicht einfach besser oder schlechter, sondern besser oder schlechter in bezug auf etwas, z.B. in bezug auf die Übereinstimmung mit den Fakten oder in bezug auf die Innovationsleistung. Die Innovationsleistung läßt sich etwa danach differenzieren, inwieweit mehr Neues, Wegweisendes, denkbar wird oder inwieweit mehr Neues findbar gemacht wird, indem zu Experimenten provoziert wird, oder inwieweit mehr Komplexität handhabbar gemacht wird.

Und es ist möglicherweise schlechter in bezug auf das eine, gleichzeitig aber besser in bezug auf etwas anderes.

Daraus wäre die praktische Folgerung zu ziehen: Konkurrierende Modelle sind nicht nur in bezug auf ihre Übereinstimmung mit den Fakten zu prüfen, sondern auch in bezug auf ihre Innovationsleistung. Ein Modell kann verworfen werden, weil es schlecht mit den Fakten übereinstimmt. Es sollte aber keinesfalls vergessen werden, wenn es eine Innovation ermöglichen könnte.

So schneidet z. B. das Modell von KAUFFMAN et al. schlechter ab in bezug auf Experimente, wie sie SANDER und KALTHOFF gemacht haben, als das Modell von MEINHARDT. Da das Modell von KAUFFMAN et al. aber neue Mechanismen, wie die Art, ein Feld schrittweise zu unterteilen, denkbar gemacht hat und Ergebnisse aus dem hier nur ansatzweise diskutierten Bereich der Entwicklungsgenetik erklären kann, sollte es keinesfalls ad acta gelegt werden und nurmehr mit dem ›besseren‹ weitergearbeitet werden. Tatsächlich haben beide Modelle – auch das von SANDER und die einer Reihe weiterer, hier nicht erwähnter Wissenschaftler – zu Erkenntnissen Anlaß gegeben, die, wären alle Experimentatoren vom gleichen Modell ausgegangen, vermutlich nicht gefunden worden wären. Und MEINHARDT hat mit seinem Modell KALTHOFF [22] und VOGEL [49] provoziert, Experimente durchzuführen, die sie vermutlich nicht geplant hatten. Und KALTHOFF sucht nach anterioren Faktoren, die laut MEINHARDTs Modell nicht existieren [19]. Und KAUFFMAN sucht mit Erfolg nach homöotischen Mutanten, die sein Modell stützen können [23].

2. Was *jetzt* besser ist, braucht auf längere Sicht nicht das Bessere zu sein.

Die erste Folgerung daraus wäre, daß eine schonungslose Diskussion – systemimmanent und anwendungsorientiert – der Sache dienlich ist, selbst wenn nicht jede Kritik sich als haltbar erweisen sollte. Die Nicht-Diskussion oder die Zurückhaltung von Kritik ist in jedem Fall für den Fortschritt in einem Gebiet negativ, weil ein Modell dann zu lange für besser gehalten wird, als es tatsächlich ist, und damit Neuentwicklungen verhindert werden. Die zweite Folgerung daraus wäre, daß man einem Modell, das auf den ersten Blick nicht besser, sondern schlechter ist, eine Schonzeit gönnen soll, ehe man es verwirft und vergißt, da man sonst leicht Gefahr läuft, das schließlich zukunftsträchtigere Modell zu verlieren.

FEYERABEND legt sogar nahe, einem Modell notfalls mit unlauteren Mitteln das Überleben zu ermöglichen, um so die ablehnende Haltung der Fachkollegen eine Weile unterlaufen zu können. GALILEI hat auf diese Weise KOPERNIKUS' Modell eine Weile über Wasser gehalten [9].

So hat – um ein großes historisches Beispiel zu nennen – KOPERNIKUS mit dem von ihm propagierten Planetensystem die Positionen der Planeten *nicht* besser vorhersagen können, als es mit dem zu seiner Zeit anerkannten geozentrischen Planetensystem möglich war. Die Vorhersagen für die Marsbahn waren so schlecht, daß GALILEI KOPERNIKUS' Mut bewundert hat, ein solches Modell zu publizieren [24]. Auch die Postulate und Erklärungen waren nicht sonderlich plausibel: Das Modell konnte zwar die beobachteten rückläufigen Bewegungen der Planeten erklären, dafür brauchte es aber mehr Epizykel als das geozentrische Modell, und die Räder setzten statt auf der Erde an einem Punkt zwischen Sonne und Erde, dem Mittelpunkt der Erdumlaufbahn, an [25].

Eine dritte Folgerung daraus wäre, auch bei Vorliegen bewährter Theorien die Entwicklung von Konkurrenzmodellen zu fördern. Daß bewährte Theorien den Fortschritt behindern können, zeigen Beispiele wie die lange Nicht-Anerkennung von MENDEL, AVERY und TEMIN, und auch TURING blieb die Anerkennung seiner Arbeit zu Lebzeiten verwehrt.

Um FEYERABEND zu zitieren: »Theorienvielfalt ist für die Wissenschaft fruchtbar, Einförmigkeit dagegen lähmt ihre kritische Kraft.« »Hypothesen, die gut bestätigten Theorien widersprechen, liefern uns Daten, die auf keine andere Weise zu erhalten sind.« [10]

3. Von einem Modell kann man nicht sinnvoll sagen, es ist gut oder schlecht, sondern man muß sagen, es ist besser oder schlechter. Und das heißt: auch das Schlechtere hat sein Gutes.

Die Folgerung daraus wäre:

Wissenschaftler sollten mit konkurrierenden Modellen so vertraut sein, daß die Möglichkeiten dieser Modelle jederzeit in die eigenen Überlegungen einfließen können, zum einen beim experimentellen Vorgehen, zum anderen beim Bau neuer Modelle. Dabei kann man versuchen, die bestehenden Modelle in Komponenten zu zerlegen, so daß man sie unter Umständen (wie z. B. MACWILLIAMS und BONNER, s. S. 29) zu Hybridmodellen wieder vereinigen kann, die besser sind als die beteiligten Eltern-Modelle.

Danksagung

Der vorliegende Text ist aus meiner Antrittsvorlesung an der Universität Heidelberg (1981) hervorgegangen.

Mein Dank gilt Prof. Dr. F. DUSPIVA für die freundliche Aufforderung, den Vortrag schriftlich niederzulegen, und der Heidelberger Akademie der Wissenschaften für seine Aufnahme in ihre Sitzungsberichte. Dr. H. MEINHARDT danke ich für die kritische Durchsicht einer frühen Fassung des Textes. Frau HIMANEN-WEIGEL danke ich für die Erstellung der maschinenschriftlichen Fassung. Mein besonderer Dank gilt Dr. J.-F. ANDERS für seine Hilfe bei der Formulierung des Manuskripts.

Literatur

1. BERKING, S.: Bud formation in *Hydra:* Inhibition by an endogeneous morphogen. Wilhelm Roux Arch. EntwMech. Org. *181*, 215–225 (1977)
2. BERKING, S.: Analysis of head and foot formation in *Hydra* by means of an endogeneous inhibitor. Wilhelm Roux Arch. EntwMech. Org. *186*, 189–210 (1977)
3. BERKING, S.: Commitment of stem cells to nerve cells and migration of nerve cell precursors in preparatory bud development in *Hydra.* J. exp. Morph. *60*, 373–387 (1980)
4. BERKING, S. & GIERER, A.: Analysis of early stages of budding in *Hydra* by means of an endogeneous inhibitor. Wilhelm Roux Arch. EntwMech. *182*, 117–129 (1977)
5. CHILD, C. M.: Physiological dominance and physiological isolation in development and reconstitution. Roux Archiv EntwMech. Org. *117*, 21–66 (1929)
6. DRIESCH, H.: Entwicklungsmechanische Studien X. Über einige allgemeine entwicklungsmechanische Ergebnisse. Mitt. Zool. Stat. Neapel *2*, 221–253 (1893)
7. DUSPIVA, F.: Das Problem der Determination und Differenzierung in der Biologie. Springer-Verlag, Heidelberg (1980)
8. FEYERABEND, P. Wider den Methodenzwang. Suhrkamp, Frankfurt/M., S..105/106 (1976)
9. FEYERABEND, P.: Wider den Methodenzwang. Suhrkamp, Frankfurt/M., S. 213, 226 (1976)
10. FEYERABEND, P.: Wider den Methodenzwang. Suhrkamp, Frankfurt/M., S. 53 (1976)
11. FRENCH, V., BRYANT, P. J. & BRYANT, S. V.: Pattern regulation in epimorphic fields. Science, *193*, 969–981 (1976)
12. GARCIA-BELLIDO, A., RIPOLL, P. & MORATA, G.: Developmental compartimentalisation of the wing disc of *Drosophila.* Nature, New Biol. *245*, 251–253 (1973)
13. GIERER, A.: Generation of biological patterns and form: Some physical, mathematical, and logical aspects. Proc. Biophys. Molec. Biol., *37*, 1–47 (1981)
14. GIERER, A., BERKING, S., BODE, H. R., DAVID, C. N., FLICK, K. M., HANSMANN, G., SCHALLER, H. C., TRENKNER, E.: Regeneration of *Hydra* from reaggregated cells. Nature, New Biol. *239*, 98–101 (1972)
15. GIERER, A. & MEINHARDT, H.: A theory of biological pattern formation. Kybernetik *12*, 30–39 (1971)
16. GOODWIN, B. C. & COHEN, H. M.: A phase shift model for the spatial and temporal organisation of living systems. J. theoret. Biol. *25*, 49–107 (1969)
17. HÖRSTADIUS, S.: Über die Determination im Verlaufe der Eiachse bei Seeigeln. Publ. Staz. Zool. Napoli *14*, 251 (S. 423) (1935)
18. HÖRSTADIUS, S.: Experimental embryology of Echinoderms. Clarendon Press, Oxford (1973)
19. JÄCKLE, H. & KALTHOFF, K.: Synthesis of a posterior indicator protein in normal embryos and double abdomens of *Smittia* Sp. –Chironomidae, Diptera). Proc. Natl. Acad. Sci. USA *77*, 6700–6704 (1980)
20. JAFFE, F. Localisation in the developing Fucus egg and the general role of localizing currents. Adv. Morphogenesis *7*, 295–329 (1968)

21. KALTHOFF, K.: Revisionsmöglichkeiten der Entwicklung zur Mißbildung ›Doppelabdomen‹ im partiell UV bestrahlten Ei von *Smittia* spec. (Dipera, Chiromidae). Zool. Anz., Suppl., *34*, 61–65 (1971)
22. KALTHOFF, K.: Pattern formation in early insect embryogenesis – data calling for modification of a recent model. J. Cell Sci. *29*, 1–15 (1978)
23. KAUFFMAN, A., SHYMKO, R. M. & TRABERT, K.: Control of sequential compartment formation in *Drosophila* Science *199*, 259–270 (1978)
24. KÖSTLER, A.: Die Nachtwandler. A. Scherz, Bern, S. 213 (1959)
25. KÖSTLER, A.: Die Nachtwandler, A. Scherz, Bern, S. 190–219 (1959)
26. KÜHN, A.: Vorlesungen über Entwicklungsphysiologie, Springer-Verlag, Heidelberg, S. 165–170 (1965^2)
27. KUHN, T. S.: The structure of scientific revolutions, Chicago (1970^2)
28. LEWIS, J.: Simple rules for epimorphic regeneration: The polar coordinate model without polar coordinates. J. theoret. Biol. *88*, 371–392 (1981)
29. MCMAHON, D.: A cell-contact model for cellular position determination in development. Proc. Nat. Acad. Sci., USA, *70*, 2396–4000 (1973)
30. MEINHARDT, H.: A model for pattern formation in insect embryogenesis. J. Cell Sci. *23*, 117–139 (1977)
31. MEINHARDT, H.: Models for the ontogenetic development of higher organisms. Rev. Physiol., Biochem. Pharmacol., *80*, 47–104 (1978)
32. MEINHARDT, H.: Cooperation of compartments for the generation of positional information. Z. Naturforsch. *35 c*, 1086–1091 (1980)
33. MEINHARDT, H.: Persönliche Mitteilung
34. MILLER, A.: Self-asembly. In: The developmental biology of plants and animals. Ed.: Graham, C. F. & Wareing, P. F., Blackwell Scientific Publications, Oxford, 249–296 (1976)
35. MÜLLER, W. A., MITZE, A., WICKHORST, J.-P. & MEIER-MENGE, H. M.: Polar morphogenesis in early hydroid development: Action of Caesium, of neurotransmitters and of an instrinsic head activatior on pattern formation. Wilhelm Roux Arch. EntwMech. Org. *182*, 311–328 (1977)
36. POPPER, K. R.: Logik der Forschung. J. C. B. Mohr, Tübingen, S. 73 (1969^3)
37. RAPER, K. B.: Pseudoplasmodium formation and organisation in *Dictyostelium discoideum*, J. Elisha Mitchell Sci. Soc. *56*, 241–282 (1940)
38. RUNNSTRÖM, J.: Über Selbstdifferenzierung und Induktion bei dem Seeigelkeim. Wilhelm Roux Arch. EntwMech. Org. *117*, 129–145 (1929)
39. RUNNSTRÖM, J.: Zur Entwicklungsmechanik des Skeletmusters bei dem Seeigelkeim. Wilhelm Roux Arch. EntwMech. Org. *124*, 273–297, S. 293 (1931)
40. RUNNSTRÖM, J.: Kurze Mitteilung zur Physiologie der Determination des Seeigelkeims. Wilhelm Roux Arch. EntwMech. Org. *129*, 442–444 (1933)
41. SANDER, K.: Analyse des ooplastischen Reaktionssystems von *Euscelis plebejus* Fall (Cicadina) durch Isolieren und Kombinieren von Keimteilen. I. Mitteilung: Die Differenzierungsleistung vorderer und hinterer Eiteile. Wilhelm Roux Arch. Entw-Mech. Org. *151*, 430–497 (1959)
42. SANDER, K.: Analyse des ooplastischen Reaktionssystems von *Euscelis plebejus* Fall (Cicadina) durch Isolieren und Kombinieren von Keimteilen. II. Mitteilung: Die Differenzierungsleistungen nach Verlagern von Hinterpolmaterial. Wilhelm Roux Arch. EntwMech. Org. *151*, 660–707 (1959)

43. SCHALLER, H. C.: Isolation and characterization of a low-molecular-weight substance activating head and bud formation in *Hydra*. J. Embryol. exp. Morph. *29*, 27–38 (1973)
44. SCHMIDT, O., ZISSLER, D., SANDER, K. & KALTHOFF, K.: Switch in pattern formation after puncturing the arterior pol of *Smittia* eggs (Chironomidae, Diptera). Dev. Biol. *46*, 216–221 (1975)
45. SEIDEL, F.: Untersuchungen über das Bildungsprinzip der Keimanlage im Ei der Libelle *Platycnemis pennipes* I–V. Wilhelm Roux Aarch. EntwMech. Org. *119*, 322–440 (1929)
46. STENT, G. S.: Strength and weakness of the genetic approach to the development of the nervous system. Ann. Rev. Neurosci. *4*, 163–194 (1981)
47. TURING, A. M.: The chemical basis of morphogenesis. Phil. Trans. Roy. Soc. *B237*, 32–72 (1952)
48. UBISCH, L. V.: Über die Organisation des Seeigelkeims. Wilhelm Roux Arch. EntwMechn. Org. *134*, 599–643 (1936)
49. VOGEL, O.: Pattern formation in the egg of the leafhopper *Euscelis plebejus* Fall. (Homoptera): Developmental capacities of fragments isolated from the polar egg regions. Dev. Biol. *67*, 357–370 (1978)
50. MACWILLIAMS, K. H. & BONNER, J. T.: The prestalk-prespore pattern in cellular slime molds. Differentiation *14*, 1–22 (1979)
51. WOLPERT, L.: Positional information and the spatial pattern of cellular differentiation. J. theoret. Biol. *25*, 1–47 (1969)
52. WOLPERT, L.: Pattern formation in biological development Scientific American, Oktober (1978)
53. YAJIMA, H.: Studies on embryonic determination of the harlequin-fly, *Chironomus dorsalis*. I. Effects of centrifugation and its combination with constriction and puncturing. J. Embryol. exp. Morph. *8*, 189–215 (1960)
54. YAJIMA, H.: Studies on embryonic determination of the harlequin-fly, *Chironomus dorsalis*. II. Effects of partial irradiation of the egg by ultraviolet light. J. Embryol. exp. Morph. *12*, 89–100 (1964)

Erratum

Sitzungsberichte der Heidelberger Akademie der Wissenschaften
Jahrgang 1981, 2. Abhandlung
St. Berking: Zur Rolle von Modellen in der Entwicklungsbiologie
Springer-Verlag Berlin Heidelberg New York 1981

Der 7. Absatz auf Seite 23 muß lauten:

Ab 1960 gab es eine Reihe von Experimenten wie die Zentrifugation der Eier [53], das Anstechen [44] oder Bestrahlen des *anterioren* Eiendes mit ultraviolettem Licht [54]. Diese Behandlungen führten entweder zu spiegelbildlich aufgebauten Larven, die an den Enden jeweils das letzte Abdominalsegment ausgebildet haben, oder zu Larven, die sich normal entwickeln, während Anstechen oder Bestrahlen des *posterioren* Eiendes keine Doppelbildungen bewirkt.

Sitzungsberichte der Heidelberger Akademie der Wissenschaften
Mathematisch-naturwissenschaftliche Klasse
Erschienene Jahrgänge

Inhalt des Jahrgangs 1971:

1. E. Letterer. Morphologische Äquivalentbilder immunologischer Vorgänge im Organismus. (vergriffen).
2. J. Herzog und E. Kunz. Die Wertehalbgruppe eines lokalen Rings der Dimension 1. (vergriffen).
3. W. Maier. Aus dem Gebiet der Funktionalgleichungen. Antiquarisch. Preis auf Anfrage.
4. H. Hepp und H. Jensen. Klassische Feldtheorie der polarisierten Kathodenstrahlung und ihre Quantelung. Antiquarisch. Preis auf Anfrage.
5. H. Koppe und H. Jensen. Das Prinzip von d'Alembert in der Klassischen Mechanik und in der Quantentheorie. (vergriffen).
6. W. Doerr. Wandlungen der Krankheitsforschung. (vergriffen).
7. K. Hoppe. Über die spektrale Zerlegung der algebraischen Formen auf der Graßmann-Mannigfaltigkeit. Antiquarisch. Preis auf Anfrage.

Inhalt des Jahrgangs 1972:

1. W. H. H. Petersson. Über Thetareihen zu großen Untergruppen der rationalen Modulgruppe. (vergriffen).
2. W. Doerr. Pathologie der Coronargefäße. Anthropologische Aspekte. (vergriffen).
3. H. Bippes. Experimentelle Untersuchung des laminar-turbulenten Umschlags an einer parallel angeströmten konkaven Wand. Antiquarisch. Preis auf Anfrage.
4. K. Goerttler. Stimme und Sprache. Antiquarisch. Preis auf Anfrage.
5. B. L. van der Waerden. Die „Ägypter" und die „Chaldäer". (vergriffen).

Inhalt des Jahrgangs 1973:

1. V. Becker. Form, Gestalt und Plastizität. (vergriffen).
2. H. Neunhöffer. Über die analytische Fortsetzung von Poincaréreihen. (vergriffen).
3. F. W. Rieben. Zur Orthologie und Pathologie der Arteria vertebralis. Antiquarisch. Preis auf Anfrage.
4. W. Doerr. Über die Bedeutung der pathologischen Anatomie für die Gastroenterologie. (vergriffen).
V. H. Bauer. Das Antonius-Feuer in Kunst und Medizin. Supplement zum Jahrgang 1973. DM 68,-.

Inhalt des Jahrgangs 1974:

1. H. Seifert. Minimalflächen von vorgegebener topologischer Gestalt. DM 12,-.
2. A. Dinghas. Zur Differentialgeometrie der klassischen Fundamentalbereiche. DM 20,80.
3. Th. Nemetschek. Biosynthese und Alterung von Kollagen. DM 19,50.
4. W. Doerr, W.-W. Höpker und J. A. Rossner. Neues und Kritisches vom und zum Herzinfarkt. (vergriffen).
W. W. Höpker. Spätfolgen extremer Lebensverhältnisse. Supplement zum Jahrgang 1974. (vergriffen).

Inhalt des Jahrgangs 1975:

1. M. Ratzenhofer. Molekularpathologie. DM 32,-.
2. E. Kauker. Vorkommen und Verbreitung der Tollwut in Europa von 1966-1974. DM 19,-.
3. H. E. Bock. Die Bedeutung von Konstellation und Kondition für ärztliches Handeln. DM 16,-.
4. G. Schettler. Neue Ergebnisse der klinischen Fettstoffwechselforschung. (vergriffen).
V. Becker und H. Schmidt. Die Entdeckungsgeschichte der Trichinen und der Trichinosis. Supplement zum Jahrgang 1975. DM 28,-.

Inhalt des Jahrgangs 1976:

1. W. Bersch und W. Doerr. Reitende Gefäße des Herzens. Homologiebegriff und Reihenbildung. DM 38,-.

If you have any concerns about our products,
you can contact us on
ProductSafety@springernature.com

In case Publisher is established outside the EU,
the EU authorized representative is:
**Springer Nature Customer Service Center GmbH
Europaplatz 3, 69115 Heidelberg, Germany**

Printed by Libri Plureos GmbH
in Hamburg, Germany